超視覺行銷！

視覺化社群行銷與SEO超級淘金術

鄭苑鳳 著・ZCT 策劃　使用 Instagram 與 YouTube

內容易懂、易學、又易上手，輕鬆掌握 IG+YouTube 社群

圖片觸及率翻倍成長，視覺吸睛不求人

U0086626

經營社群高手，掌握視覺吸睛祕訣與行銷技巧

★ YouTube樂活影音入門集客心法，讓你享用影片、上傳、管理影片不發愁。

　教你如何使用視訊剪輯軟體製作微電影，片頭製作、旁白、配樂、輸出、上傳輕鬆搞定。

★ 輕鬆在YouTube社群建置品牌頻道，學會美妝頻道外觀和管理你的頻道。

　學會直播的各種方式，同時解析頻道各項數據所代表的意義。

★ 超強的集客行銷術，以低行銷成本，進行社群的交叉行銷。

　功能詳實解說，降低學習障礙，攝錄影、濾鏡、編修…等一應俱全，

　讓圖片觸及率翻倍成長，視覺吸睛不求人。

博碩文化

作　　者：鄭苑鳳

責任編輯：魏聲圩

董 事 長：陳來勝

總 編 輯：陳錦輝

出　　版：博碩文化股份有限公司

地　　址：221 新北市汐止區新台五路一段 112 號 10 樓 A 棟
　　　　　電話 (02) 2696-2869　傳真 (02) 2696-2867

發　　行：博碩文化股份有限公司

郵撥帳號：17484299　戶名：博碩文化股份有限公司

博碩網站：http://www.drmaster.com.tw

讀者服務信箱：dr26962869@gmail.com

訂購服務專線：(02) 2696-2869 分機 238、519

（週一至週五 09:30 ～ 12:00；13:30 ～ 17:00）

版　　次：2020 年 12 月初版一刷

建議零售價：新台幣 500 元

I S B N：978-986-434-548-9

律師顧問：鳴權法律事務所 陳曉鳴律師

國家圖書館出版品預行編目資料

視覺化社群行銷與 SEO 超級淘金術：使用
Instagram 與 Youtube/ 鄭苑鳳著 . -- 初版 . --
新北市：博碩文化股份有限公司，2020.12

面；　公分

ISBN 978-986-434-548-9(平裝)

1.網路行銷 2.網路社群

496　　　　　　　　　　　　109019102

Printed in Taiwan

博碩粉絲團　歡迎團體訂購，另有優惠，請洽服務專線
(02) 2696-2869 分機 238、519

在這個講究視覺體驗的年代，視覺行銷是近十年來才開始成為網路消費者導流的重要方式，視覺化就是對內容的強化詮釋，比起文字，透過圖片或影片的傳播，不但貼近消費者的生活，還可透過視覺化行銷直接增加的雙方參與感和互動，完整傳遞商品資訊。隨著 5G 時代的到來，視覺行銷策略越發受到店家們的重視，社群與視覺化行銷的無縫接軌，視覺內容開始走向主流王道。

本書將介紹 Instagram(IG) 的特色功能，它不僅關注朋友們的最新動態，不但可以利用手機將相片拍攝下來，透過濾鏡效果處理後變成美美的藝術相片，還可以加入心情文字，隨意塗鴉讓相片更有趣生動，還能分享長度僅 3 秒至 15 秒的短片，然後直接分享到 Facebook、Twitter、Flickr 等社群網站。

另外影音行銷是近十年來才開始成為網路消費導流的重要方式，隨著 YouTube、優酷網等影音社群網站的興盛，任何視訊影片皆可上傳至社群上與他人分享，只要影片夠吸引人，就能在短時間內衝出超高的點閱率，進而造成轟動與話題，在時間允許下，能給消費者帶來最好的觀看體驗。

而網站流量一直是數位行銷中相當重視的指標之一，而其中一種能夠相當有效增加流量的方法就是搜尋引擎最佳化 (Search Engine Optimization, SEO)，SEO 就是一種讓網站在搜尋引擎中取得 SERP 排名優先方式。企業導入 SEO 不僅僅是為了提高在搜尋引擎的排名，最終目的是用來調整網站體質與內容。對消費者而言，SEO 是搜尋引擎的自然搜尋結果，通常點閱率與信任度也比關鍵字廣告來的高，進而讓網站的自然搜尋流量增加與增加銷售的機會。

本書的寫作思維是以提升視覺化行銷成效為角度，內容除了介紹 IG 及 YouTube 各種實用功能及技巧外，也會分享 SEO 的作法及各社群間的交叉

行銷，希望各位跟著本書的章節架構，靈活應用這些視覺化行銷的工具。本書各章精彩單元如下：

- 社群與視覺行銷的贏家關鍵攻略

- 打造集客瘋潮的 IG 超視覺行銷

- 零秒爆量成交的 IG PO 文秘訣

- 買氣搶搶滾的 IG 拍照與行銷御用工作術

- 主題標籤與限時動態強效聚粉錦囊

- YouTube 樂活影音入門集客心法

- 微電影製作與品牌行銷高手必讀

- 讓粉絲拼命掏錢的 YouTuber 網紅工作術

- 流量變現金的 YouTube 直播攻心術

- 觸及率翻倍的社群交叉行銷與 SEO 爆紅密笈

雖然本書在校稿時力求正確無誤，但仍惶恐有疏漏或不盡理想的地方，希望各位不吝指教。

目錄

CONTENTS

01 CHAPTER 社群與視覺行銷的贏家關鍵攻略

02 CHAPTER 打造集客瘋潮的 IG 超視覺行銷

03 CHAPTER 零秒爆量成交的 IG PO 文秘訣

買氣搶搶滾的 IG 拍照與行銷御用工作術

主題標籤與限時動態強效聚粉錦囊

06
CHAPTER

YouTube 樂活影音入門集客心法

07
CHAPTER

微電影製作與品牌行銷高手必讀

08 CHAPTER

讓粉絲拼命掏錢的 YouTuber 網紅工作術

09 CHAPTER

流量變現金的 YouTube 直播攻心術

10

CHAPTER

觸及率翻倍的社群交叉行銷與 SEO 爆紅密笈

CHAPTER

社群與視覺行銷的贏家關鍵攻略

\# 我的社群網路服務（SNS）

\# 社群行銷特性與視覺化思維

|| ▶| ◀)) 0:20 / 3:00

⚙ ▣ ▢ []

👍 5　👎 0　↪ 分享　☰₊ 儲存　⋮

時至今日，我們的生活已經離不開網路，網路正是改變一切的重要推手，而現在與網路最形影不離的就是「社群」。社群的觀念可從早期的 BBS、論壇，一直到部落格、Plurk（噗浪）、Twitter（推特）、Pinterest、YouTuber、Instagram、微博或者 Facebook，主導了整個網路世界中人跟人的對話，社群成為 21 世紀的主流媒體，從資料蒐集到消費，人們透過這些社群作為全新的溝通方式，這已經從根本撼動我們現有的生活模式了。特別是今日的社群媒體，已進化成擁有策略思考與行銷能力的利器，社群平台的盛行，讓全球電商們有了全新的行銷管道，不用花大錢，小品牌也能在市場上佔有一席之地。

⏏ Gap 經常透過 IG 發佈視覺化時尚短片，引起廣大熱烈迴響

在這個講究視覺體驗的年代，視覺行銷是近十年來才開始成為網路消費者導流的重要方式，因為我們身處在資訊量爆炸的時代，人類有百分之八十的經驗來自於視覺，而且會下意識地想用更短的時間得到更多的資訊，視覺化內容讓主題簡單明瞭，除了與用戶的閱讀習慣有關，在資訊的理解上也有很大的幫助，比起閱讀廣告文字，大家更喜歡看視覺化的訊息。隨著 5G 時代的到來，廣大消費者更加依賴社群及網路的行為模式，視覺行銷策略越發受到店家們的重視，社群與視覺化行銷的無縫接軌，視覺內容開始走向主流王道，品牌透過創造屬於品牌風格簡約且吸引人的影像，反而更能輕鬆地將訊息傳遞給粉絲，更為數位行銷的領域造成了海嘯般的風潮。

▶ 我的社群網路服務（SNS）

「社群」最簡單的定義，可以看成是一種由節點（node）與邊（edge）所組成的圖形結構（graph），其中節點所代表的是人，至於邊所代表的是人

與人之間的各種相互連結的多重關係，新的成員又會產生更多的新連結，節點間相連結的邊的定義具有彈性，甚至於允許節點間具有多重關係，整個社群所帶來的價值就是每個連結創造出個別價值的總和，進而形成連接全世界的社群網路。例如臉書（Facebook）在 2019 年底時全球使用人數已突破 25 億，臉書從 2009 年 Facebook 在臺灣開始火熱起來之後，小自賣雞排的攤販，大至知名品牌、企業的大老闆，都紛紛在臉書上頭經營粉絲專頁（Fans Page），透過臉書與分享照片，讓學生、上班族、家庭主婦都為之瘋狂。

◎ 臉書活動已經和日常生活形影不離

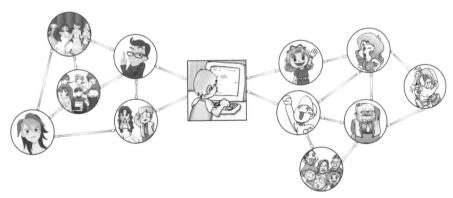

◎ 社群網路的網狀結構示意圖

🎥 六度分隔理論

「社群網路服務」（SNS）是 Web 體系下的一個技術應用架構，基於哈佛大學心理學教授米爾格藍（Stanely Milgram）所提出的「六度分隔理論」（SixDegreesofSeparation）來運作。這個理論主要是說在人際網路中，

平均而言，只需在社群網路中走六步即可到達。簡單來說，即使位於地球另一端的你，想要結識任何一位陌生的朋友，中間最多只要透過六個朋友就可以。簡單來說，這個世界事實上是緊密相連著的，只是人們察覺不出來，地球就像 6 人小世界，假如你想認識美國總統川普，只要找到對的人在 6 個人之間就能得到連結。

> 👍 **TIPS** 「同溫層」（echo chamber）是近幾年社群圈中出現的熱點名詞，因為當用戶在社群閱讀時，往往傾向於點擊與自己主觀意見雷同的訊息，容易導致相對比較願意接受與自己立場相近的觀點，對於不同觀點的事物，選擇性忽略，進而形成一種封閉的同溫層現象。

🎥 SOMOLO 模式

近年來公車上、人行道、辦公室，處處可見埋頭滑手機的低頭族，隨著愈來愈多社群提供了行動版的行動社群，透過手機使用社群的人口正在快速成長，形成「行動社群網路」（mobile social network），這是一個消費者習慣改變的結果，當然有許多店家與品牌在 SoLoMo（Social、Location、Mobile）模式中趁勢而起。

所謂 SoLoMo 模式是由 KPCB 合夥人約翰、杜爾（John Doerr）2011 年提出的一個趨勢概念，強調「在地化的行動社群活動」，主要是因為行動裝置的普及和無線技術的發展，讓 Social（社交）、Local（在地）、Mobile（行動）三者合一能更為緊密

◎ 行動社群行銷提供即時購物商品資訊

結合，顧客會同時受到社群（Social）、行動裝置（Mobile）、以及本地商店資訊（Local）的影響，代表行動時代消費者會有以下三種現象：

- 社群化（**Social**）：在行動社群網站上互相分享內容已經是家常便飯，很容易可以仰賴社群中其他人對於產品的分享、討論與推薦。

- 行動化（**Mobile**）：民眾透過手機、平板電腦等裝置隨時隨地查詢產品或直接下單購買。

- 本地化（**Local**）：透過即時定位找到最新最熱門的消費場所與店家訊息，並向本地店家購買服務或產品。

例如想找一家評價比較高的餐廳用餐，透過行動裝置上網與社群分享的連結，然後藉由「適地性服務」（LBS）找到附近的口碑不錯的用餐地點，都是 SoLoMo 最常見的生活應用。

TIPS 「適地性服務」（Location Based Service, LBS）或稱為「定址服務」，就是行動領域相當成功的環境感知的種創新應用，就是指透過行動隨身設備的各式感知裝置，例如當消費者在到達某個商業區時，可以利用手機等無線上網終端設備，快速查詢所在位置周邊的商店、場所以及活動等即時資訊。

社群商務與粉絲經濟

當各位平時心中浮現出購買某種商品的慾望，如果對某些商品不熟悉，是不是會不自覺打開臉書、IG、Google 或其他網路平台，尋求網友對購買過這項商品的使用心得，比起一般傳統廣告，現在的消費者更相信網友或粉絲的介紹，根據國外最新的統計，88% 的消費者會被社群其他用戶的意見或評論所影響，表示 C2C（消費者影響消費者）模式的力量愈來愈大，已經深深影響大多數重度網路者的購買決策，這就是社群口碑的力量，藉由這股勢力，漸漸的發展出另一種商務形式「社群商務」（Social Commerce）。

臉書創辦人馬克•祖克伯：「如果我一定要猜的話，下一個爆發式成長的領域就是社群商務」，社群商務（Social Commerce）的定義就是社群與商務的組合名詞，透過社群平台獲得更多顧客，由於社群中的人們彼此會分享資訊，相互交流間接產生了依賴與歸屬感，並利用社群平台的特性鞏固粉

絲與消費者，不但能提供消費者在社群空間的討論分享與溝通，又能滿足消費者的購物慾望，更進一步能創造企業或品牌更大的商機。

◎ 微博是進軍中國大陸市場的主要社群行銷平台

至於粉絲經濟的定義就是基於社群商務而形成的一種經濟思維，透過交流、推薦、分享、互動模式，不但是一種聚落型經濟，社群成員之間的互動是粉絲經濟運作的動力來源，就是泛指架構在粉絲（Fans）和被關注者關係之上的經營性創新行為。品牌和粉絲就像一對戀人一樣，在這個時代做好粉絲經營，首先要知道粉絲到社群是來分享心情，而不是來看廣告，現在的消費者早已厭倦老舊的強力推銷手法，唯有仔細傾聽彼此需求，雙方關係才能走得長遠。

用心回覆訪客貼文是提升商品信賴感的方式之一

◎ 桂格燕麥粉絲專頁經營就相當成功

📹 品牌建立與社群行銷

在社群媒體普及的時代下,品牌的社群經營也愈來愈受重視,許多企業只將社群平台當作是推銷的傳聲筒,卻忽略了社群平台最重要的功能就是「建立品牌」。品牌(Brand),就是一種識別標誌,也是一種企業價值理念與商品質優異的核心體現,甚至品牌已經成長為現代企業的寶貴資產,必須重新思維與定位自身的品牌策略。

社群行銷的第一步驟就是要了解你的品牌與產品定位,並且分析出你的「目標受眾」(Target Audience, TA)。隨著目前社群的影響力愈大,培養和創造品牌的過程是一種不斷創新的過程,社群行銷不是只把粉絲專頁當成佈告欄,還要運用各種不同的方式經

◎ 東京著衣經常透過臉書或 IG 與粉絲交流

營內容,讓粉絲最後成為品牌的擁護者。例如最近相當紅火的蝦皮購物平台在推動社群行銷的終極策略就是「品牌大於導購」,有別於一般購物社群把目標放在導流購物上,反而他們堅信只有將品牌建立在顧客的生活中,塑立在大眾心目中的好印象才是現在的首要目標。

📹 視覺化行銷與社群

每個行銷人都知道視覺化行銷的重要性,隨著圖片和影音類型的內容越來越受歡迎,視覺化社群互動方式不僅吸引了海量的用戶,也成為品牌主與廣告主的兵家必爭之地。視覺化就是一種對內容的強化詮釋,比起文字,透過圖片或影片的傳播,不但貼近消費者的生活,還可透過視覺化行銷直接增加的雙方參與和互動,並能完整傳遞商品資訊。例如從行動生活發跡的 Instagram(IG),就和時下的年輕消費者一樣,具有活潑、多變、有趣的特色,尤其是15-30 歲的受眾群體,許多年輕人幾乎每天一睜開眼就先上 Instagram,關注

朋友們的最新動態，不但可以利用手機將相片拍攝下來，還能透過濾鏡效果處理後變成美美的藝術相片，再加入心情文字，隨意塗鴉讓相片更有趣生動，特別適合擁有實體環境展示空間的產品，更能分享長度僅 3 秒至 15 秒的短片，許多品牌能在此限制下充分發揮創意，將這類微影音（micro video）的行銷效果發揮得淋漓盡致，例如衣著服飾配件這些商品可以被實境展示，然後直接分享到 Facebook、Twitter、Flickr 等社群網站。

店家或品牌為了滿足網友追求最新影音內容的閱聽需求，YouTube 是目前設立在美國的一個全世界最大線上影音社群網站，也是繼 Google 之後第二大的搜尋引擎，更是影音

⊙ Instagram 用戶陶醉於 IG 優異的視覺效果

搜尋引擎的霸主，任何人都可以在 YouTube 網站上觀看影片，全球每日瀏覽影片的總量就將近 50 億，利用 YouTube 觀看影片儼然成為現代人生活中不可或缺的重心。

⊙ YouTube 目前已成為全球最大的影音網站

使用視覺化內容務必配合你的行銷策略。

社群行銷特性與視覺化思維

我們的生活受到行銷活動的影響既深且遠，行銷的英文是 Marketing，簡單來說，就是「開拓市場的行動與策略」。彼得·杜拉克（Peter Drucker）曾經提出：「行銷（marketing）的目的是要使銷售（sales）成為多餘，行銷活動是要造成顧客處於準備購買的狀態。」

◎ 星巴克相當擅長社群與實體店面的行銷整合

正所謂「顧客在哪、行銷人就在哪」，對於行銷人來說，數位行銷的工具相當多，然而很難一一全部投入，且所費成本也不少，而社群媒體則是目前大家最廣泛使用的工具。尤其是剛成立的品牌或小店家，沒有專職的行銷人員可以處理行銷推廣的工作，所以使用社群來行銷品牌與產品，絕對是店家與行銷人員不可忽視的熱門趨勢。

◎ 小米機成功運用社群贏取大量粉絲

「社群行銷」（Social Media Marketing）真的有那麼大威力嗎？根據最新的統計報告，有 2/3 美國消費者購買新產品時會先參考社群上的評論，且有 1/2 以上受訪者會因為社群媒體上的推薦而嘗試新品牌。大陸紅極一時的小米機運用社群經營與粉絲專頁，發揮出口碑行銷的最大效能，使得小米品牌的影響力能夠迅速在市場上蔓延，也能讓小米機在上市前就得到充分的曝光。特別是在這個圖片及影音充斥的視覺化閱讀年代，社群媒體極度依賴視覺化內容，具備視覺化元素的訊息，例如相簿、圖片或影片比單純文字貼文多出 70% 的分享量，很多當紅的社群平台僅僅憑著視覺化內容就快速崛起。

◎ 沒有吸睛的圖片，絕對進不了消費者的眼球

所謂「戲法人人會變，各有巧妙不同」，什麼樣的視覺內容能瞬間吸引大量粉絲關注，這遠比一般人想的更多眉角與巧思。社群行銷不只是一種網路行銷工具的應用，如果大量結合視覺化內容，還能促進真實世界的銷售與客戶經營，並達到提升黏著度、強化品牌知名度與創造品牌價值，首先我們必須了解社群行銷的四大特性。

📹 分享性

在社群行銷的層面上，有些是天條不能違背，無論粉絲專頁或社團經營，最重要的都是「活躍度」，例如「分享」絕對是經營品牌的必要成本，還要能與消費者引發「品牌對話」的效果。社群並不是一個可以直接販賣的場所，有些店家覺得設了一個Facebook粉絲專頁，以為三不五時想到就到FB貼貼文，就可以打開知名度，讓品牌能見度大增，這種想法還真是大錯特錯，事實上，就算許多人成為你的粉絲，不代表他們就一定願意被你推銷。

分享更是社群行銷的終極武器，社群行銷的一個死穴，就是要不斷創造分享與討論，因為所有社群行銷都必須透過「借力使力」

◉ 陳韻如靠著分享瘦身經驗吸引大量的粉絲

的分享途徑，才能增加品牌的曝光度，例如在社群中分享客戶的真實小故事，或關於店家產品之操作技巧、撇步、好康議題等類型的貼文，絕對會比廠商付費狂轟猛炸的業配文更容易吸引人，如果是透過視覺化內容的分享，更需要注重品質，包括圖片美觀性、清晰性、創意性、娛樂性和新聞性，更重要是緊密配合你的行銷內容，千萬不要圖不對題，就像放上一張美輪美奐的風景圖片，也絕對吸引不了需要潮牌服飾的一堆美少女們。

社群上相當知名的iFit愛瘦身粉絲團，已經建立起全台最大瘦身社群，創辦人陳韻如小姐經常分享自己成功的瘦身經驗，除了將專業的瘦身知識以淺顯短文方式表達，更強調圖文視覺化整合，穿插討喜的自製插畫，搭上現代人最重視的運動減重的風潮，強調每位女性都是獨特而美麗，讓粉絲感受到粉絲團的用心分享與互動，難怪讓粉絲團大受歡迎。

多元性

「粉絲多不見得好，選對平台才重要！」社群的魅力在於它能自己滾動，由於青菜蘿蔔各有喜好不同，市面上那麼多不同的社群平台，做行銷第一步就要避免都想分一杯羹的迷思，一定要先選出一個主力經營的社群平台，在穩定與稍有知名度之後，漸漸開始經營其平台，並發展出適應每個平台不同消費者的內容。操作社群最重要的是觀察，在不同的平台面對不同的族群，對於創作者來說，了解你的創作屬性適合哪個平台，不同的用戶對視覺化內容的選擇和傳播還是會有很強的個人色彩，就需要使用不同的語言及營造不同的氣氛。

部落客 vivi.isafit，經常在 Instagram 上分享減肥計畫

現代社群平台功能重疊性越來越高，由於用戶組成十分多元，觸及受眾也不盡相同，選擇時的評估重點在於主要客群、觸及率跟使用偏好，應該根據社群媒體不同的特性，訂定社群行銷策略，千萬不要將 FB 內容原封不動分享到 IG。

在社群中每個人都可以發聲，也都有機會創造出新社群，因此社群變得越來越多元化，平台用戶樣貌也各自不同，因應平台特性不同，先釐清自家商品定位與客群後，還必須做到在視覺行銷和品牌形象上是一致，再依客群的年齡、興趣與喜好擬定行銷策略。例如 WeChat（微信）及 LINE 在亞洲世界非常熱門，而且各自有特色，而 Pinterest、Twitter、Snapchat 及 Instagram 則在西方世界愈來愈紅火。Twitter 由於有限制發文字數，不過具備有效、即時、講重點的特性反而在歐洲各國十分流行。LinkedIn 是目前全球最大的專業社群網站，大多是以較年長，而且有求職需求的客群居多，有許多產業趨勢及專業文章，如果是針對企業用戶，那麼 LinkedIn 就會有

事半功倍的效果，反而對一般的品牌宣傳不會有太大效果。如果是針對零散的個人消費者，推薦使用 Instagram 或 Facebook 都很適合。

📹 黏著性

好的社群行銷技巧，絕對不只把品牌當廣告，除了提高品牌的曝光量，創造使粉絲們感興趣的內容，深度經營客群與社群聆聽（social listening），進而開啟彼此之間的對話就顯得非常重要。社群行銷成功的關鍵字不在「社群」，而在於「互動」！由於社群行銷的成果往往都是因為「互動」和「溫度」而提升，因為觸及率常常不是我們能控制的，互動率才是重點，具有視覺效果的內容，往往能獲得較好的參與互動與觸擊數，了解顧客需求並實踐顧客至上的服務，讓顧客獲得社群的歸屬感也很重要，如此一來就能增加網站或產品的知名度，大量增加商品的曝光機會。

◎ 蘭芝經常在社群上發表自創的視覺內容來培養小資女黏著度

視覺化時代來臨，消費者對「美」與「真」的要求越來越高，想要追求「瞬間的真實美感」，店家光是會找話題，還不足以引起粉絲的注意，特別是根據統計，社群上只有百分之一的貼文，被轉載超過七次，贏取粉絲信任是一個長遠的過程，特別是視覺化內容受到吸引的原因「不是」因為完美的圖像或影片，或是講得天花亂墜的行銷文案，事實上比起完美，人們更希望看到真實的內容。因為社群而產生的粉絲經濟是與「人」相關的經濟，消費者選擇創造「共享價值」的品牌正在上升，「熟悉衍生喜歡與信任」是廣受採用的心理學原理，並產生忠誠和提高績效的積極影響。

蘭芝（LANEIGE）最懂得「視覺化」才是銷售王道，主打是具有韓系特點的保濕商品，蘭芝粉絲團在品牌經營的策略就相當成功，目標是培養與粉絲的長期關係為品牌引進更多新顧客，並大量鋪成視覺化內容，每個新產品都創造驚喜，務求把它變成一個每天都必須跟粉絲聯繫與互動的平台，養成和客戶在社群上緊密聯繫的好習慣。這也是增加社群歸屬感與黏著性的好方法，包括每天都會有專人到粉絲頁去維護留言，將消費者牢牢攬住，進而提升粉絲黏著度，強化品牌知名度與創造品牌價值。

傳染性

社群行銷本身就是一種內容行銷，從來都是著眼於人們的「碎片化」時間，過程是不斷創造口碑價值的活動，我們知道消費者在購物之前常常會先上網作功課，而且有約莫 50% 的人，會聽信陌生部落客的推薦而訂下購買決策。社群網路具有獨特的傳染性功能，由於網路大幅加快了訊息傳遞的速度，也拉大了傳遞的範圍，那是一種累進式的行銷過程，能產生「投入」的共感交流，講究的是互動與對話，真正能夠為粉絲創造「價值」與贏得「信任」的行銷過程。

臉書創辦人祖克柏也參加 ALS 冰桶挑戰賽

行銷高手都知道要建立品牌信任度是多麼困難的一件事，首先要推廣的產品最好需要某種程度的知名度，接著把產品訊息置入互動的內容，我們知道社群行銷就是在建立口碑，透過網路的無遠弗屆以及社群的口碑效應，接著藉由視覺效化果結合鼓舞人心的文字敘述，讓粉絲能夠融入此情境並有感而發，因為視覺化的內容被分享的可能性是其他形式的 40 倍以上、

口耳相傳之間被病毒式轉貼內容，透過現有顧客吸引新顧客，利用口碑、邀請、推薦和分享的方式，在短時間內提高曝光率，藉此營造「氣氛」（Atmosphere），引發社群的迴響與互動，進而造成現有顧客吸引未來新顧客的傳染效應。

根據研究顯示，影片本身的內容深度和傳播效果要大於平面，64% 網友認為觀看完影片後，的確能促進購買意圖，例如 2014 年由美國漸凍人協會發起的冰桶挑戰賽，就是一個善用社群媒體來進行口碑式的影音行銷的活動。這次的公益活動的發起是為了喚醒大眾對於肌萎縮性脊髓側索硬化症（ALS），俗稱漸凍人的重視，挑戰方式很簡單，志願者可以選擇在自己頭上倒一桶冰水，或是捐出 100 美元給漸凍人協會。除了被冰水淋濕的畫面，正足以滿足人們的感官樂趣，加上活動本身簡單、有趣，更獲得不少名人加持，讓社群討論、分享、甚至參與這個活動變成一股深具傳染力的新興潮流，不僅表現個人對公益活動的關心，也和朋友多了許多聊天話題。

🔋 **TIPS** 「使用者創作內容」（User Generated Content, UCG）行銷是代表由使用者來創作內容的一種行銷方式，這種聚集網友來創作內容，也算是近年來蔚為風潮的數位行銷手法的一種，可以看成是一種由品牌設立短期的行銷活動，觸發網友的積極性去參與影像、文字或各種創作的熱情，這種由品牌設立短期的行銷活動，使廣告不再只是廣告，不僅能替品牌加分，也讓網友擁有表現自我的舞台，讓每個參與的消費者更靠近品牌。

MEMO

2

CHAPTER

打造集客瘋潮的
IG超視覺行銷

⏸ ⏭ 🔊 0:20 / 3:00 ⚙ ▣ ☐ ⛶

 5 0 ➤ 分享 ☰₊ 儲存 ⋮

公車上、人行道、辦公室，處處可見埋頭滑手機的低頭族，隨著愈來愈多網路社群提供了行動版的行動社群，透過手機使用社群的人口正在快速成長，Instagram 就是一款依靠行動裝置興起的免費社群軟體，許多年輕人幾乎每天一睜開眼就先上 Instagram，關注朋友們的最新動態。現在無論是店家或品牌都紛紛尋找一個能接觸年輕族群的管道，而聚集了許多年輕族群的 IG 當然成了各家首選。

◎ Espirit 透過 IG 發佈時尚短片，引起廣大迴響

▶ 初探 IG 的奇幻之旅

我們可以這樣形容：Facebook 是最能細分目標受眾的社群網站，主要用於與朋友和家人保持聯絡，而 Instagram 則是最能提供用戶發現精彩照片和欣喜瞬間，並因此深受感動及啟發的平台。對於現代行銷人員而言，需要關心 Instagram 的原因是能近距離接觸到潛在受眾，Instagram 全球每個月活躍用戶超過 9 億人，尤其是 15-30 歲的年輕受眾群體。根據天下雜誌調查，Instagram 在台灣 24 歲以下的年輕用戶佔 46.1%。

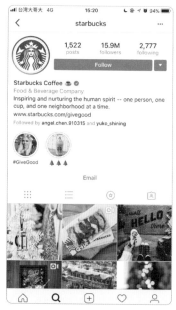

◎ 星巴克經常在 Instagram 上推出促銷活動

如果各位懂得利用 IG 的龐大社群系統，藉由社群的超人氣，增加粉絲們對於企業品牌的印象，以利於聚集目標客群並帶動業績成長，當然是要以手機為主，這樣進行美拍、瀏覽、互動或行銷就很方便。Instagram 主要在 iOS 與 Android 兩大作業系統上使用，也可以在電腦上做登錄，用以查看或編輯個人相簿。官網：https://www.instagram.com/

如果你還未使用過 Instagram，那麼這裡告訴大家如何從手機下載 InstagramApp，同時學會 Instagram 帳戶的申請和登入。

◎ LG 使用 Instagram 行銷帶動 LG 新手機上市熱潮

從手機安裝 IG

假如各位是 iPhone 使用者，請至 App Store 搜尋「IG」關鍵字，若是使用 Android 手機，請於「Play 商店」搜尋「IG」，找到該程式後按下「安裝」鈕即可進行安裝。安裝完成桌面上就會看到 ◎ 圖示鈕，點選該圖示鈕就可進行註冊或登入的動作。

安裝完成，手機桌面顯示 IG 圖示

按此鈕安裝 IG App

🎥 登入 IG 帳號

首次使用 IG 社群的人可以使用臉書帳號來申請，或是使用手機、電子郵件進行註冊。由於 IG 已被 Facebook 收購，如果你是臉書用戶，只要在臉書已登入的狀態下申請 IG 帳戶，就可以快速以臉書帳戶登入。如果沒有臉書帳號，就請以手機電話號碼或電子郵件來進行註冊。選擇以電話號碼申請時，手機號碼會自動顯示在畫面上，按「下一步」鈕 IG 會發簡訊給你，收到認證碼後將認證碼輸入即可。如果是以電子郵件進行申請，則請輸入全名和密碼來進行註冊。

比較特別的地方是除了真實姓名外還有一個「用戶名稱」，當你分享相片或是到處按讚時，就會以「用戶名稱」顯示，用戶名稱也能隨時做更改，因為 IG 帳號是跟你註冊的信箱綁在一起，所以申請註冊時會收到一封確認信函要你確認電子郵件地址。

註冊的過程中，IG 會貼心地讓申請者進行「Facebook」的朋友或手機「聯絡人」的追蹤設定，如左下圖所示，要追蹤「Facebook」的朋友請在朋友

大頭貼後方按下藍色的「追蹤」鈕使之變成白色的「追蹤中」鈕，這樣就表示完成追蹤設定，同樣的邀請 Facebook 朋友也只需按下藍色的「邀請」鈕，或是按「下一步」鈕先行略過，之後再從「設定」功能中進行用戶追蹤即可。

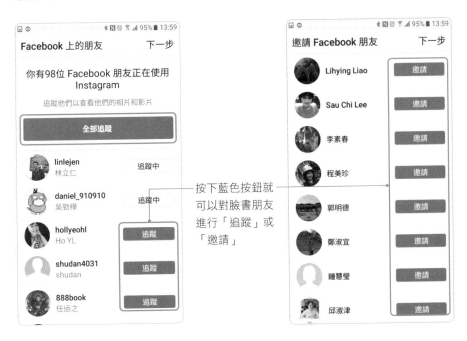

按下藍色按鈕就可以對臉書朋友進行「追蹤」或「邀請」

完成上述的步驟後就成功加入 IG 社群，無論選擇哪種註冊方式，各位已經朝向 IG 行銷的道路邁進。下回只要在手機桌面上按下 ◉ 鈕就可直接進入 IG，不需再輸入帳號或密碼等的動作。

點石成金的個人檔案

經營個人的 IG 帳戶時，你可以分享個人日常生活中的大小事情，偶而也可以作為商品的宣傳。各位想要一開始就給粉絲與好友一個好印象，那麼完美的個人檔案就是亮點，個人檔案就像你的名片，個人檔案的設計優劣，可說是一個非常重要的關鍵，因為這是其他用戶認識你的第一步。

個人簡介的內容隨時可以變更修改，也能與各位的其他社群平台做串接。要進行個人檔案的編輯，可在「個人」👤頁面上方點選「編輯個人檔案」鈕，即可進入如下畫面，其中的「網站」欄位可輸入網址資料，如果你有網路商店，那麼此欄務必填寫，因為它可以幫你把追蹤者帶到店裡進行購物。下方還有「個人簡介」，也盡量將主要銷售的商品或特點寫入，建議可以包含你的品牌特質，不要只是一個名字，最好和你的主題相關，或是將其他可連結的社群或聯絡資訊加入，方便他人可以聯繫到你。

商家務必重視個人檔案的編寫，不管是用戶名稱、網站、個人簡介，都要從一開始就留給顧客一個好的印象

其他用戶所看到的資訊呈現效果

千萬不要將「個人簡介」的欄位留下空白，完整資訊將為品牌留下好的第一印象，如果能清楚提供訊息，你的頁面將看起來更專業與權威，隨時檢閱個人簡介，試著用 30 字以內的文字敘述自己的品牌或產品內容，讓其他用戶可以看到你的最新資訊。

集客亮點的大頭貼

當各位有機會被其他 IG 用戶搜尋到，那麼第一眼被吸引的絕對會是個人頁面上的大頭貼照，圓形的大頭貼照可以是個人相片，或是足以代表用戶特色的圖像，以便從一開始就緊抓粉絲的眼球動線。大頭貼是最適合品牌宣傳的吸睛點，尤其在限時動態功能更是如此，也可以考慮以企業標誌（LOGO）來呈現，運用創意且吸睛的配色，讓你的品牌能夠一眼被認出，讓用戶對你的品牌／形象產生聯結。

使用企業 LOGO 的大頭貼

使用個人相片的大頭貼

代表用戶特色的大頭貼
（相片＋美食）

各位想要更換相片時，請在「編輯個人檔案」的頁面中按下圓形的大頭貼照，就會看到如下的選單，選擇「從 Facebook 匯入」或「從 Twitter 匯入」指令，只要在已授權的情況下，就會直接將該社群的大頭貼匯入更新。若是要使用新的大頭貼照，就選擇「新的大頭貼照」來進行拍照或選取相片，加上運用創意且吸睛的配色，讓你的品牌被一眼認出，這也是讓整體視覺可以提升的絕佳方式。

更換大頭貼照

新的大頭貼照

從 Facebook 匯入

移除大頭貼照

社群贏家的命名思維

IG 所使用的帳戶名稱，命名時最好要能夠讓其他用戶僅靠直覺就能夠搜尋，名稱與簡介也最好能夠讓人耳熟能詳，因為名稱代表品牌給予消費者的印象，想要在眾多品牌用戶中脫穎而出，取個好名字就是首要基本條件。所以當你使用 IG 的目的在行銷自家的商品，那麼建議帳號名稱取一個與商品相關的好名字，並添加「商店」或「Shop」的關鍵字，這樣被搜尋時就容易被其他用戶搜尋到。

如左下圖所示的個人部落格，該用戶是以分享「高雄」美食為主，所以用戶名稱直接以「Kaohsiungfood」作為命名，自然而然的該用戶就增加被搜尋到機會。或是如右下圖所示，搜尋關鍵字「shop」，也很容易地就看到該用戶的資料了。

取一個與你行銷有關聯的好名字吧！

千萬別以為你設定的用戶名稱無關緊要，用心選擇一個貼切於商品類別的好名稱，簡直就是成功了一半，取名字時直覺地去命名，朗朗上口讓人好記且容易搜尋為原則，以後可以用在宣傳與行銷上，幫助你推廣你的商品。

📹 新增商業帳號

Instagram 的帳號通常是屬於個人帳號，如果你想利用帳號來做商品的行銷宣傳，那麼也可以考慮選擇商業模式的帳號，很多自媒體經營者仍舊使用「一般帳號」在經營 IG，強烈建議轉換成「商業帳號」，而且申請商業帳號是完全免費，而且升級成商業帳號不但可以在 IG 上投放廣告，還能提供詳細的數據報告，容易讓顧客更深入瞭解您的產品、服務或商家資訊。

如果你使用的是商業帳號，自然是以經營專屬的品牌為主，主打商品的特色與優點，目的在宣傳商品，所以一般用戶不會特別按讚，追蹤者相對也比較少些。你也可以將個人帳號與商業帳號兩個帳號並用，因為 Instagram 允許一個人能同時擁有 5 個帳號。早期使用不同帳號時必須先登出後才能以另一個帳號登入，現在則可以直接由左上角處進行帳號的切換，相當方便。

如果想要同時在手機上經營兩個以上的 IG 帳號，那麼可以在「個人」頁面中新增帳號。請在「設定」頁面下方選擇「新增帳號」指令即可進行新增。新帳號若是還沒註冊，請先註冊新的帳號喔！如圖示：

擁有兩個以上的帳號後，若要切換到其他帳號時，可以從「設定」頁面下方選擇「登出」指令，登出後會看到左下圖，請點選「切換帳號」鈕，接

著顯示右下圖時，只要輸入帳號的第一個字母，就會列出帳號清單，直接點選帳號名稱就可進行切換。

2. 出現帳號清單時，直接點選要登入的帳號即可

1. 按此切換帳號

此外，當手機已同時登入兩個以上的帳號後，你就可以從「個人」頁面的左上角快速進行帳號的切換喔！

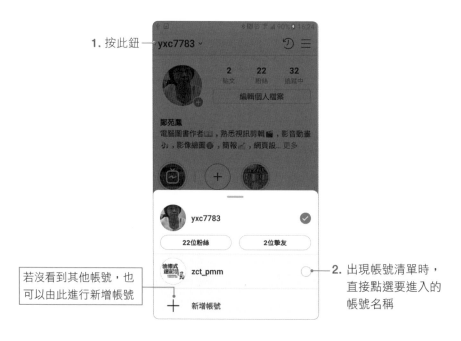

1. 按此鈕

若沒看到其他帳號，也可以由此進行新增帳號

2. 出現帳號清單時，直接點選要進入的帳號名稱

人氣爆表的攬客撇步

Instagram 不只是能分享照片的社群平台，也是所有社群中和追蹤者互動率最高的平台。經營 IG 真的需要花費一段時間做功課，要成功吸引到有消費力的客群加入需要不少心力，不能抱著只把短期利益擺前頭，也不能因為「別人都這樣做，所以我也要做」的盲從心理，反而不論是照片影片你都必須確保具有一定水準，因為能讓貼文嶄露頭角的最重要指標就是高品質的內容。其實不管經營任何一個社群平台，基本目標一定還是會多少在意粉絲數的增加，就跟我們開店一樣，要培養自己的客群，特別是剛開立帳號，商家們都期待可以觸及更多的人，一定會先邀請自己的好友幫你按讚。這樣就有機會相互追蹤，請他們為你上傳的影音 / 相片按讚（愛心）增強人氣。

探索用戶

在 Instagram 裡，透過追蹤好友可以了解朋友的動態，追蹤熱門人物或時尚品牌才能知道大多數人喜好。如果你是第一次使用 Instagram 社群，「首頁」 的畫面按下頁面中的「尋找要追蹤的朋友」鈕，即可找尋有興趣的對象來進行追蹤，如左下圖所示。而任何時候你都可在右下方按下 鈕切換到「個人」頁面，接著按下右上方的 三 鈕選擇「探索用戶」，即可針對朋友或熱門人物進行探索。

新用戶按此鈕
尋找追蹤對象

尋找用戶的頁面，包括兩個標籤，一個是 IG 跟各位建議追蹤的名單，另一個則是你的朋友或手機上的聯絡人。通常按下 追蹤 鈕就會變成 追蹤中 的狀態。

推薦追蹤名單

曝光率就是行銷的關鍵，且和追蹤人數息息相關，例如女性用戶大部分追求時尚和潮流，而男性則是喜歡嘗試了解新事物。各位可別輕忽 IG 跟各位推薦的熱門追蹤名單，因為這裡的「建議」清單包含了熱門的用戶、已追蹤朋友所追蹤的對象、還有 IG 為你所推薦的對象。

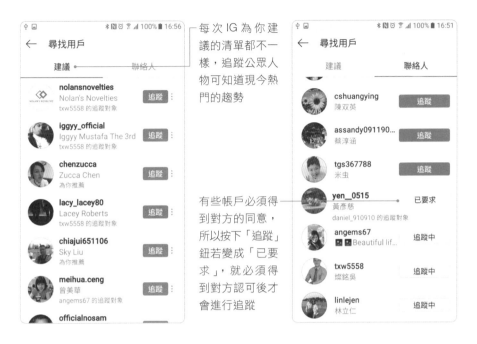

每次 IG 為你建議的清單都不一樣，追蹤公眾人物可知道現今熱門的趨勢

有些帳戶必須得到對方的同意，所以按下「追蹤」鈕若變成「已要求」，就必須得到對方認可後才會進行追蹤

「首頁」🏠 通常是顯示已追蹤者所發佈的相片／影片的頁面，已追蹤的朋友如果要取消追蹤，可從朋友貼文的右上角按下「選項」⋮鈕，當出現如右下圖的功能表時選擇「停止追蹤」指令即可。

此外，按下 👤 鈕切換到「個人」頁面，右上方按下「追蹤中」就會進入「追蹤名單」的頁面，直接在欲取消追蹤者的後方按下「追蹤中」鈕，就能在開啟的視窗中選擇「停止追蹤」指令，悄悄的移除追蹤者。

📹 邀請朋友功能鈕

由「設定」頁面按下「邀請朋友」鈕，下方會列出各項應用程式，諸如 Messenger、電子郵件、LINE、Facebook、Skype、Gmail⋯等，直接由列出清單中點選想要使用的程式圖鈕即可。

以手指滑動頁面，可看到更多的應用程式

📹 以 Facebook／Messenger／LINE 邀請朋友

由各社群邀請朋友加入是件相當簡單的事，如下所示，Facebook 只要留個言，設定朋友範圍，即可「分享」出去。Messenger 只要按下「發送」鈕就直接傳送，或是 LINE 直接勾選人名，按下「確定」鈕，系統就會進行傳送。

◉ Facebook 畫面 　　◉ Messenger 畫面 　　◉ LINE 畫面

一看就懂的 IG 操作功能

各位要好好利用 Instagram 來進行行銷活動，當然要先熟悉它的操作介面，了解各種功能的所在位置，這樣用起來才能順心無障礙。Instagram 主要分為五大頁面，由手機螢幕下方的五個按鈕進行切換。

首頁　　搜尋　　新增　　追蹤所愛　　個人

■ **首頁**：瀏覽追蹤朋友所發表的貼文，還可進行拍照、動態錄影、限時動態、訊息傳送。

■ **搜尋**：鍵入姓名、帳號、主題標籤、地標等，用來對有興趣的主題進行搜尋。

- **新增**：可以從「圖庫」選取已拍攝的相片 / 影片，也可以切換到「相片」進行拍照，或是切換到「影片」進行影片錄影，拍照後即可將結果分享給朋友。

- **追蹤所愛**：所追蹤的對象對那些貼文按讚、開始追蹤了誰、誰追蹤了你、留言中提及你…等，都可在此頁面看到。

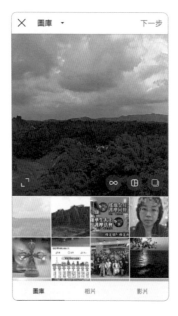

▪ **個人**：由此觀看你所上傳的所有相片 / 貼文內容、摯友可看到的貼文、有你在內的相片 / 影片、編輯個人檔案，如果你是第一次使用 Instagram，它也會貼心地引導你進行。

編輯用戶名稱、網站、個人簡介等資訊

三大標籤，依序是格狀排序、直式排序、標註有你的相片影片

掌握 IG 搜尋的小技巧

Instagram 是以圖像傳達資訊的有力工具，除了追蹤親友了解他們的近況外，若妥善運用搜尋功能，更能在全球的用戶的世界中進行探索。想要探索世界上千奇百怪的潮流只要在「搜尋」頁面中進行搜尋，就會有許多的新發現，從這裡面你可以獲得許多的情報，激發你更多的靈感和創意，甚至可以和你經營的商店與品牌做連結。

搜尋相片與影片

好奇心是人的天性，透過一張「勝過千言萬語」的美美照片也可以好好經營企業品牌來與消費者對話，「探索」頁面包含了 IGTV、商店、時尚潮流、

美食、漫畫、大自然、美容、旅遊..等各種主題,點選有興趣的類別,再從下方的方格中去瀏覽有興趣的內容,方格狀的陳列讓作品一覽無遺。當各位搜尋任何主題或關鍵字後,頁面中央會以格子狀的縮圖顯現所有貼文,或是該帳戶使用者已上傳分享的相片／影片。眼尖的讀者們可能發現,在格子狀的縮圖右上角通常會有不同的小圖示,它們分別代表著相片、多張相片／影片。

> **TIPS** 「IGTV」是一個嶄的新創作空間,可以讓你透過更長的影片與觀眾互動,用來打造全螢幕直向影片,讓行動裝置呈現最佳的觀看效果。由於每個人都可以成為一個獨立的電視頻道,讓參與的粉絲擁有親臨現場的感覺,帶來瞬間的高流量。

由此切換到音樂、美食…等各種主題

廣告、購物、IGTV 會以大區塊顯示

沒有標記的就是單張相片

表示視訊影片

表示包含多張相片／影片搜尋頁面

對於貼文中包含多張的相片／影片，在點進去後只要利用手指尖左右滑動，就可以進行相片的切換。

顯示本貼文所包含的相片／影片數

以手指左右滑動，就可切換到前／後張的相片或影片

搜尋關鍵文字

IG 用戶可以在最上方的搜尋欄上輸入想要搜尋的關鍵文字，就能在顯示的清單中快速找到相關帳戶。如左下所示，筆者輸入「劉德華」的關鍵文字，即可看到明星「劉德華」的相關貼文與帳戶。

關鍵文字搜尋

主題標籤（#）搜尋

除了使用「關鍵文字」進行探索外，也可以使用「主題標籤」來進行探索。只要在字句前加上 #，就會關連公開的內容，我們可以把它視為標記「事件」，透過標籤功能來搜尋主題，所有用戶都可以輕鬆搜尋到你的貼文。例如輸入「# 劉德華」，那麼所有貼文中有「劉德華」文字的相片或影片都會被搜尋到：

知己知彼，百戰百勝！不要忽略競品分析的重要，研究和剖析相同領域的產品，才能接觸更多潛在的消費群，達到行銷效果。所以經營 Instagram 之前，先對相同領域的主題與標籤進行瀏覽與研究，可以清楚知道對手

主題標籤（#）搜尋

的行銷手法與表現方式，好的表現方式可以記錄下來，當作自己行銷的參考，不好的行銷方式也可以做為自己的借鏡，讓自己不再犯錯。

「主題標籤」的使用並不限定於中文字，加入英文、日文等各國文字可以吸引到外國的觀光客注意。另外，留意目標使用者經常搜索的熱門關鍵字，適時將這些與你商品有關的關鍵字加入至貼文中，像是地域性的關鍵字、與情感有關的關鍵字等加入至貼中，也能增加不少被瀏覽的機會。

留意相關主題標籤的運用包括地域性或與情感有關的標籤

由此搜尋與商品有關的主題標籤

3

CHAPTER

零秒爆量成交的 IG PO 文秘訣

\# 貼文撰寫的小心思

\# 豐富貼文的變身技

\# 閨密間的分享密碼

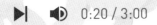 0:20 / 3:00

5 0 分享 儲存

「做社群行銷就像談戀愛，多互動溝通最重要！」社群平台如果沒有長期的維護經營，有可能會使粉絲們取消關注。希望自己的帳戶的追蹤者能像滾雪球一樣地成長，那麼就要讓其他用戶喜歡上你，這個關鍵就是在於你能否先提供「價值」給他們。不會有人想追蹤一個沒有內容的用戶，因此貼文內容扮演著最重要的角色，當雙方互動提高了，店家所要傳遞的品牌訊息就會變得快速及方便，甚至粉絲都會主動幫你推播與傳達。因此必須定期的發文撰稿、上傳相片 / 影片做宣傳、注意貼文下方的留言並與粉絲互動，如此才能建立長久的客戶，加強企業品牌的形象。

◎ 一次只強調一個重點，才能讓觀看者有深刻印象

至於各位在 IG 上貼文發佈頻率並沒有一定的準則，不過如果經營 IG 的模式是三天打魚兩天曬網，久了可能粉絲會取消追蹤，最好盡可能做到每天更新動態，或者一週發幾則近況，因為發文的頻率確實和追蹤人數的成長有絕對的關聯，例如利用商業帳號查看追蹤者最活躍的時段，就在那個時段發文，便能有效增加貼文曝光機會，或者能夠有規律性的發佈貼文，粉絲們就會願意定期追蹤你的動態。

但是你也不要在同一時間連續更新數則動態，太過頻繁也會給人疲勞轟炸的感覺，寧可慎選相片之後再發佈。當追蹤者願意按讚，一定是因為你的內容有趣，所以必須牢記貼文一定要有吸引粉絲的亮點才行。由於社群平台皆為開放的空間，所發佈貼文和相片都必須是真實不虛的內容才行，同時必須慎重挑選清晰有梗的行銷題材，盡可能要聚焦，一次只強調一項重點，這樣才能讓觀看的網友有深刻的印象。

▶ 貼文撰寫的小心思

時下利用 Instagram 拉近與粉絲距離的品牌不計其數，首先要認知對大多數的人而言，使用 Facebook、Instagram 等社群網站的目的並不是要購買東西，所以在社群網站進行商品推廣時，「少一點銅臭味，多一點同理心」，最好不要一味地推銷商品，而是在文章中不露痕跡地講述商品的優點和特色。

◎ 設身處地為客戶著想，較容易撰寫出引人共鳴的貼文

在社群經營上，首要任務就是要了解你的粉絲，投其所好才能增加他們對你的興趣，例如用心構思對消費者有益的美食貼文，不起眼的小吃麵攤透過社群行銷，也能搖身變成外國旅客來訪時必吃美食景點，無名小卒也能搖身變成與知名連鎖店平起平坐的競爭對象。然後與消費者的互動是非常重要的，發文時，不妨試試提出鼓勵粉絲互動的問題，想辦法讓粉絲主動回覆，這是和他們保持關係最直接有效的方法。

發佈貼文的目的當然是盡可能讓越多人看到，一張平凡的相片，如果搭配一則好文章，也能搖身一變成為吸引力十足的貼文。寫貼文時要注意標題的訂定，設身處地為客戶著想，了解他們喜歡聽什麼、看什麼，或是需要什麼，這樣撰寫出來的貼文較能引起共鳴，千萬不要留一些言不及義的罐頭訊息，或是丟些無聊的表情符號或嗯啊這樣比較沒 fu 的互動方式。標題部分最好還能有關鍵字，同時將關鍵字不斷出現在貼文中，然後同步分享到各社群網站上，如此可以增加觸及率。

按讚與留言

在 Instagram 中和他人互動其實是非常容易的事，對於朋友或追蹤對象所分享的相片 / 影片，如果喜歡的話可在相片 / 影片下方按下 ♡ 鈕，它會變成紅色的心型 ♥，這樣對方就會收到通知。如果想要留言給對方，則是按下 ◯ 鈕在「留言回應」的方框中進行留言。真心建議各位有心的小編每天記得花一杯咖啡的時間，去看看有哪些內容值得你留言分享給愛心。

按讚與留言

留言視窗

📹 開啟貼文通知

不想錯過好友或粉絲所發佈的任何貼文,各位可以在找到好友帳號後,從其右上角按下「選項」鈕 ⋮ 鈕,並在跳出的視窗中點選「開啟貼文通知」的選項,這樣好友所發佈的任何消息就不會錯過。

同樣地,想要關閉該好友的貼文通知,也是同上方式在跳出的視窗中點選「關閉貼文通知」指令就可完成。

點選此項,好友發佈貼文都不會錯過

📹 儲存珍藏貼文

在探索主題或是瀏覽好友的貼文時,對於有興趣的內容也可以將它珍藏起來,也就是保存他人的貼文到 IG 的儲存頁面。要珍藏貼文請在相片右下角按下 🔖 鈕使變成實心狀態 🔖 就可搞定。貼文被儲存時,系統並不會發送任何訊息通知給對方,所以想要保留暗戀對象的相片也不會被對方發現。

按此處進行珍藏，目前顯示珍藏狀態

如果想要查看自己所珍藏的相片，切換到「個人」👤，按下右上方的 ☰ 鈕，接著點選「我的珍藏」，就會顯示「我的珍藏」頁面。如右下圖所示：

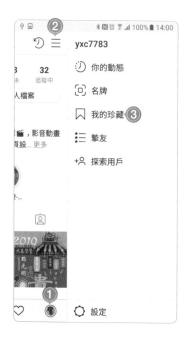

剛剛新加入的珍藏項目

顯示所有珍藏的內容

由於珍藏的內容只有自己看得到，如果珍藏的東西越來越多時，還可在「珍藏分類」的標籤建立類別來分類珍藏。設定分類的方式如下：

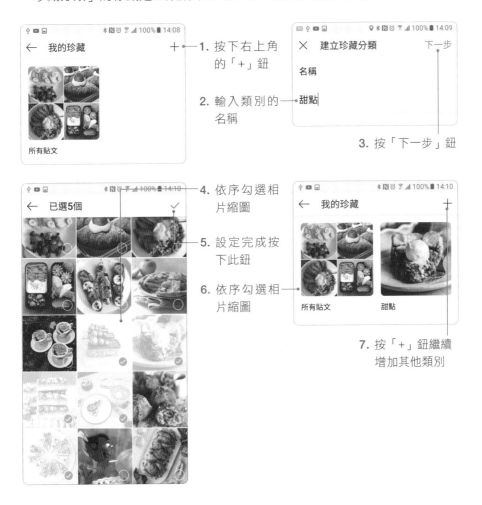

1. 按下右上角的「＋」鈕

2. 輸入類別的名稱

3. 按「下一步」鈕

4. 依序勾選相片縮圖

5. 設定完成按下此鈕

6. 依序勾選相片縮圖

7. 按「＋」鈕繼續增加其他類別

📹 貼文加入驚喜元素

在這知識爆炸的時代，不會有人想追蹤一個沒有內容或趣味的用戶，因此貼文內容扮演著重要的角色，在貼文、留言當中，或是個人檔案之中，可以適時地穿插一些幽默的元素，像是表情、動物、餐飲、蔬果、交通、各種標誌…等小圖示，讓單調的文字當中顯現活潑生動的視覺效果。

視覺化社群行銷與 SEO 超級淘金術：使用 Instagram 與 YouTube

個人簡介中也可以穿插小圖示，以拉近和他人的距離

貼文中可加入各種生動活潑的小圖案作為點綴

要在貼文中加入這些小圖案並不困難，當你要輸入文字時，手機中文鍵盤上方按下 😊 鈕，就可以切換到小插圖的面板，如右下圖所示，最下方有各種的類別可以進行切換，點選喜歡的小圖示即可加入至貼文中。

1. 按此鈕切換到表情符號

2. 由此切換到各種類別，再選擇要套用的圖示鈕即可

相機 📷 功能中的「文字」模式中也可以輕鬆為文字貼文加入如上的各種小插圖，如左下圖所示。別忘了還有 😊 功能，使用趣味或藝術風格的特效拍攝影像，只需簡單的套用，便可透過濾鏡讓照片充滿搞怪及趣味性，讓相片做出各種驚奇的效果，偶爾運用也能增加貼文的趣味性喔！

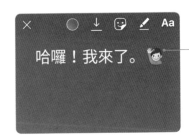

文字貼文也可以
加入小插圖

進行拍照時，按
此鈕可加入各種
特效

跟人物 / 地點說 Hello

要在貼文中標註人物時，只要在相片上點選人物，它就會出現「這是誰？」的黑色標籤，這時就可以在搜尋列輸入人名，不管是中文名字或是用戶名稱，IG 或自動幫你列出相關的人物，直接點選該人物的大頭貼就會自動標註，如右下圖所示。同樣地，標註地點也是非常的容易，輸入一兩個字後就可以在列出的清單中找到你要的地點。

由此進行人名和
地點的標註

輸入用戶名稱或
中文名字，就可
以快速找到該用
戶並進行標註

推播通知設定

在 IG 裡主要以留言為溝通的管道，當你接收到粉絲的留言時應該迅速回覆，一旦粉絲收到訊息通知，知道他的留言被回覆時，他也能從中獲得樂趣與滿足感。若與粉絲間的交流變密切，粉絲會更專注你在 IG 上的發文，

甚至會分享到其他的社群之中。如果你要確認貼文、限時動態、留言、Direct 訊息…等各種訊息是否都會通知你，或是你不希望被干擾想要關閉各項的通知，那麼可在「設定」頁面的「通知」功能中進行確認。

點選「通知」後，你可以針對以上的幾項來選擇開啟或關閉通知，包括：對於讚、回應、留言的讚、有你在內的相片所收到的讚和留言、新粉絲、以接受的追蹤要求、Instagram 上的朋友、Instagram Direct 要求、Instagram Direct、有你在內的相片、提醒、第一則貼文和限時動態、產品公告、觀看次數、直播視訊、個人簡介中的提及、IGTV 影片更新、視訊聊天…等，都可以針對需求來設定各項通知的開啟與關閉。

▶ 豐富貼文的變身技

社群媒體是能最直接接觸到品牌的地方，也因此消費者時常在社群中提問，IG 的貼文需要花許多時間經營，還需要編排出有亮點的文字內容，讓整體好閱讀。因此貼文的表現重要性可想而知。各位想要建立一個有型又有色彩的文字貼文，在 Instagram 中也可以輕鬆辦到，用戶可以設定主題色彩和背

景顏色，讓簡單的文字也變得有色彩。貼文不只是行銷工具，也能做為與消費者溝通或建立關係的橋樑，也可嘗試一些具有「邀請意味」的貼文，友善的向粉絲表示「和我們聊聊天吧！」以文字來推廣商品或理念時盡可能要聚焦，而且一次只強調一項重點，這樣才能讓觀看的粉絲有深刻的印象。

主題色彩的文青風

各位小編建立文字貼文最簡單的方式，就是利用「主題色彩」和「背景顏色」來快速製作，進而精選出一款專屬自己 IG 的代表色。例如主題色的發想可以從你的品牌主題開始，看看是適合熱情如火的豔紅色系、冷靜理性的深藍，還是象徵奔放開朗的金黃色等，背景色最好不要比主題色搶眼。接下來請在 IG「首頁」 的左上角按下「相機」 鈕，在顯示的畫面最下方切換到「文字」，接著點按螢幕即可輸入文字。

按此鈕變換主題色彩

2. 點一下螢幕，開始輸入文字

3. 顯示你所輸入的文字內容

這裡變換背景顏色

1. 切換到「文字」

螢幕上方的橢圓形按鈕有提供打字機、粗體、現代、霓虹等主題色彩，按點該鈕會一併變更文字大小和字體顏色使符合該主題，而左下方的圓鈕可變換背景顏色。「打字機」的主題色彩因為可輸入較多的文字，所以還提供文字對齊的功能，可設定靠左、靠右、置中等對齊方式。

這裡還可以繼續加入其他文字和效果

按此鈕設定文字對齊方式

2. 選擇分享的方式

1. 按此鈕表示文字設定完成

文字和主題色彩設定完成後，按下圓形的 ⊘ 鈕就會進入右上圖的畫面，點選「限時動態」、「摯友」、「傳送對象」等即可進行分享或傳送。

吸睛 100% 的搖滾貼文

各位可別小看「文字」貼文的功能，事實上 IG 的「文字」也可以變化出有設計師味道的文字貼文，因為你可以為文字自訂色彩、為文字框加底色、幫文字放大縮小變化、為文字旋轉方向、也可以將多組文字進行重疊編排，讓你製作出與眾不同的文字貼文。

按此鈕可為文字框設定底色

拖曳文字時可「全選」文字，為文字設定顏色

長按於色塊會變成光譜，可自行調配顏色

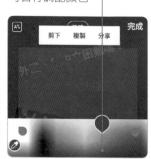

善用這些文字所提供的功能，就能在畫面上變化出多種的文字效果，組合編排這些文字來傳達行銷的主軸，也不失為簡單有效的方法。

按此鈕可將畫面儲存下來

按此鈕可新增文字內容

滑動兩指指間，可調整文字大小或旋轉角度

文字框加底色的效果

按點一下文字就可以進入編輯狀態，再次編輯文字或屬性

最後編輯的文字會放置在最上層

外國人學中文困難嗎？

油漆式速記法

讚！

限時動態　摯友　傳送對象

重新編輯上傳貼文

人難免有疏忽的時候，有時候貼文發佈出去才發現有錯別字，想要針對錯誤的資訊的進行修正，可在貼文右上角按下「選項」∶鈕，再由顯示的選項中點選「編輯」指令，即可編修文字資料。

1. 按「選項」鈕

2. 選擇「編輯」指令
   編輯資料

yxc7783

分享

在 Messenger 上分享

複製連結

典藏

編輯

刪除

關閉留言功能

極短短的1-2分鐘時間，讓你對《真佛般若藏》的使用更深入了解。

分享至其他社群網站

如果將自己用心拍攝的圖片加上貼文至行銷活動中，對於提升粉絲的品牌忠誠度來說就有相當的幫助。各位如果想要將貼文或相片分享到 Facebook、Twitter、Tumblr 等社群網站，只要在 IG 下方按下 ⊕ 鈕選定相片，依序「下一步」至「新貼文」的畫面，即可選擇將貼文發佈到 Facebook、Twitter、Tumblr 等社群。由下方點選社群使開啟該功能，按下「分享」鈕相片 / 影片就傳送出去了。

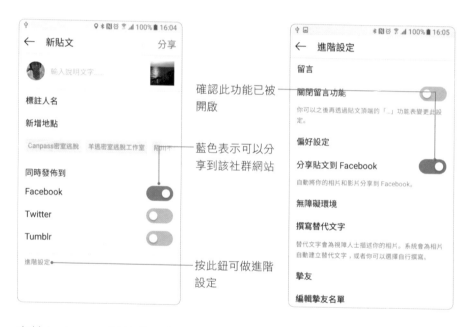

由於 Instagram 已被 Facebook 收購，所以要將貼文分享到臉書相當的容易，請各位按下「進階設定」鈕使進入「進階設定」視窗，並確認偏好設定中有開啟「分享貼文到 Facebook」的功能，這樣就可以自動將你的相片和貼文都分享到臉書上。

加入官方資訊

在前面的章節中我們曾經強調過，個人或商家都應該在「個人」頁面上建立完善的資料，包括個人簡介、網站資訊、電子郵件地址、電話等，因為這是其他用戶認識你的第一步。但是一般用戶在瀏覽貼文時並不會特別去

查看，所以每篇貼文的最後，最好也能放上官方連結和聯絡的資訊。例如歌手羅志祥的每篇貼文後方一定會放入個人 IG 帳號或主題標籤，方便粉絲們做連結。如果有其他的聯絡資訊，如商家地址、營業時間、連絡電話等，方便粉絲直接連結和查看。

showlostager [20181019] 美好奇妙夜 3p
Sexy💧@showlostage #showlo
#showlostage #羅志祥
Cr:泡泡冰專送 | 羅志祥

👥各項活動可私訊詢問及報名！
🔍IG搜尋：va俱樂部
📱也可點選IG個人簡介 @focus0103 上的網站，詢問及報名！

⏻ 貼文最後需要加入聯絡資訊

▶ 閨密間的分享密碼

Instagram 是一個提供相片或視訊分享的社交應用軟體，它允許你選擇是否要讓照片「公開」或是「私人」。相片若設為公開，那麼大家可以依據你的標籤內容而找到你的帳號，同時對你的照片按愛心，照片若為私人，那麼只有追蹤你的人才可以看到。所拍攝的相片 / 視訊如果只想和幾個好朋友分享，那麼可以透過「摯友名單」的功能來建立。

隨時滑滑 IG，用 IG 與粉絲們交流已是現代潮男潮女每日必做工作，如果想發一些比較隱私性的內容，不想被太多粉絲看到，那麼就可以善用 IG 的「摯友清單」，所建立的摯友清單只有自己與 VIP 粉絲知道，Instagram 並不會傳送給對方知道。唯有當你分享內容給摯友時，他們才會收到通知，而在相片或影片上會加上特別的標籤，收到分享的好友們並不會知道你有傳送給那些人分享，所以相當具有隱密性。這項功能適合用在限時動態或特定貼文的分享。

👥 編輯摯友名單

各位所拍攝的相片 / 視訊如果只想和幾個好朋友分享與行銷，那麼可以透過「摯友名單」的功能來建立。想要編輯摯友名單，請切換到「個人」👤，按下右上角的三鈕後選擇「摯友」的選項，透過「搜尋」欄搜尋朋友名字，再依序「新增」朋友帳號即可。

與摯友分享

已經有設定摯友名單後，下回當你透過 功能拍攝相片後，就可以在下方
看到「摯友」的按鈕，如左下圖所示。或是按下「傳送對象」鈕進入右下
圖的畫面，也可以在「摯友」後方按下「分享」鈕分享畫面。

CHAPTER **4**

買氣搶搶滾的 IG 拍照與行銷御用工作術

IG 相機功能初體驗

創意百分百的修圖技法

一次到位的影片拍攝密技

攝錄達人的吸睛方程式

魅惑大眾的構圖思維

魔性視覺的爆棚行銷力

打造超人氣圖像包裝術

玩轉 IGTV 行銷

  0:20 / 3:00

 5   0   分享 ☰+ 儲存 ⋮

年輕人喜歡美麗而新鮮的事物，Instagram 是年輕族群最火紅的社群網站，不但廣受年輕族群喜愛，特別是在相關新聞中更能看見 IG 的驚人潛力，至於 Instagram 行銷並不難，只要善用這些技巧並掌握用戶特性，你也能在上面建立知名度。許多網路商家都會透過 Instagram 限時動態來陳列新產品的圖文資訊，而消費者在瀏覽後也可以透過連結而進入店鋪做選購。

當文字加上吸睛圖片，圖片同時散發出的品牌個性及產品價值，只要你的圖片有質感與創意，足夠吸引人，就能快速累積廣大粉絲，不知不覺中就有了導購的效果，這種針對目標族群的挑動性，最能有效提升商品的點閱率。例如紐約相當知名的杯子蛋糕名店 -Baked by Melissa，就成功運用 IG 張貼有趣又繽紛的相片貼文，使蛋糕照更添一份趣味，讓粉絲更願意分享，與當地甜食愛好者建立一個相當緊密的聯繫互動。

Baked by Melissa 的蛋糕相片張張都讓人垂涎欲滴

要拍出好的作品，需要基本的美學素養與攝影技巧作為基礎，以確保每張發表的相片貼文都是新鮮、獨特，且具有創造力。有鑑於此，本章將針對如何使用 Instagram 來拍攝美照、如何進行美照編修、以及攝錄影秘訣、構圖技巧等主題做介紹，讓各位精進個人的拍攝技巧，打造讓人引以為傲的視覺化元素。

▶ IG 相機功能初體驗

IG 行銷要成功最重要的關鍵就是圖片 / 相片的美麗呈現，因為拍攝的相片不夠漂亮，絕對很難吸引用戶們的目光，網路上粉絲永遠都在追求美感的事物。很多人以為要把相片拍好，就一定要天時地利與專業器材，其實利用 IG 現有的條件以及環境，用戶就能創造出屬於自己理想的專業攝影棚，輕鬆將手機所拍攝下來的相片 / 影片，利用濾鏡或效果處理變成美美的藝術相片，然後加入心情文字、塗鴉或貼圖，讓用戶可擁有更好的視覺體驗，下面我們就先來認識相關的 IG 相機拍照功能。

基本上，Instagram 有兩個功能可以進行相片拍攝，一個是首頁的「相機」○ 功能，另一個則是「新增」⊕ 頁面，二者都可以進行自拍或拍攝景物，光線昏暗時都可加入閃光燈，但是二種在畫面尺寸和使用技巧有所不同：

- **相機 ○**：拍攝的畫面為長方形，拍攝後以手指尖左右滑動來變更濾鏡，或使用兩指尖進行畫面縮放、旋轉等處理，沒有提供明暗調整的功能，但是可以加入文字、塗鴉線條、插圖等，這是它的特點。

- **新增 ⊕**：拍攝的畫面為正方形，可套用濾鏡、調整明暗亮度、或進行結構、亮度、對比、顏色、飽和度、暈映…等各種編輯功能，著重在相片的編修。

🎥 拍照 / 編修私房撇步

許多年輕人幾乎每天一睜開眼就關注朋友們的最新動態，用戶可以利用智慧型手機所拍攝下來的相片，透過編輯工具能將照片提升亮度、銳利化、或調整角度，而透過濾鏡能幫助他們傳遞一致的心境與情緒，這些具有 Instagram 效果的圖像，更對品牌行銷產生一定的影響性。當各位在「首頁」左上角按下「相機」○ 鈕將會進入拍照狀態，由下方透過手指左右滑動，將會進入如下的拍照狀態。

切換到「一般」模式後，按下 🔆 鈕會開啟相機的閃光燈功能，方便在灰暗的地方進行拍照。 🔄 鈕用來做前景拍攝或自拍的切換，而拍照鈕旁的各種圓形按鈕則是讓使用者自拍時，可以加入各種不同的裝飾圖案或有趣的人物特效。

調整好位置後，按下白色的圓形按鈕進行拍照，之後就是動動手指頭來進行濾鏡的套用和旋轉 / 縮放畫面，多這一道手續會讓畫面看起來更吸睛搶眼。另外，建議各位可以將相片處理過後按下 ⬇ 鈕儲存下來，之後想要加入各種圖案或資訊都會更方便喔！

按此鈕儲存目前的畫面

左右滑動指尖可套用濾鏡

動動拇指、食指可旋轉或縮放畫面

近期 IG 又在相片功能上增加了 😊 和 🔗 兩個功能，選用 😊 鈕後有二十多種靜態或動態的特效可以套用至相片上。各位也可以選用「新增」⊕ 功能，在拍攝相片後是透過縮圖樣本來選擇套用的濾鏡，切換到「編輯」標籤則是有各種編輯功能可選用。

按此鈕針對畫面的明暗與對比進行調整（Lux）

直接可看到各種濾鏡套用的效果，可快速選取

提供的各種編輯功能

Instagram 所提供的相片「編輯」功能共有 13 種，包括：調整、亮度、對比、結構、暖色調節、飽和度、顏色、淡色、亮部、陰影、暈映、移軸鏡頭、銳化等，點選任一種編輯功能就會進入編輯狀態，基本上透過手指指尖左右滑動即可調整，確認畫面效果則按「完成」離開。

「編輯」功能所提供的編修要點簡要說明如下：

- **Lux**：此功能獨立放置在頂端，以全自動方式調整色彩鮮明度，讓細節凸顯，是相片最佳化的工具，可快速修正相片的缺點。

- **調整**：可再次改變畫面的構圖，也可以旋轉照片，讓原本歪斜的畫面變正。

- **亮度**：將原先拍暗的照片調亮，但是過亮會損失一些細節。

- **對比**：變更畫面的明暗反差程度。

- **結構**：讓主題清晰，周圍變模糊。

- **暖色調節**：用來改變照片的冷、暖氛圍，暖色調可增添秋天或黃昏的效果，而冷色調適合表現冰冷冬天的景緻。

- **飽和度**：讓照片裡的各種顏色更艷麗，色彩更繽紛。

- **顏色**：可決定照片中的「亮度」和「陰影」要套用的濾鏡色彩，幫你將相片進行調色。

- **淡化**：讓相片套上一層霧面鏡，呈現朦朧美的效果。

- **亮部**：單獨調整畫面較亮的區域。

- **陰影**：單獨調整畫面陰影的區域。

- **暈映**：在相片的四個角落處增加暈影效果，讓中間主題更明顯。

- **移軸鏡頭**：利用兩指間的移動，讓使用者指定相片要清楚或模糊的區域範圍，打造出主題明顯，周圍模糊的氛圍。

- **銳化**：讓相片的細節更清晰，主題人物的輪廓線更分明。

如左下圖所示是使用「調整」功能，使用指尖左右滑動可以調整畫面傾斜的角度，讓畫面變得更強眼而有動感，透過「移軸鏡頭」功能可以選擇畫面清晰和模糊的區域範圍，就如右下圖所示，將背景變得模糊些，小孩的臉部表情就比左下圖的更鮮明。

使用指尖左右滑動可以調整畫面傾斜的角度

選用「放射狀」後，可以手指尖控制畫面清楚和模糊得區域範圍

📹 夢幻的濾鏡功能

IG 是個比較能展現自我與尋找美學靈感的平台，許多品牌主都不斷的在思索，如何在 IG 上創造更能吸睛的內容，例如 Instagram 有非常強大的濾鏡功能，能夠輕鬆幫圖像增色，圖片要有自己的品味與風格，就可以透過濾鏡效果處理後變成美美的藝術相片。濾鏡功用就是 IG 把一些常見影像特效，集中而成的自動功能，透過品牌內容傳播體驗，再藉由趣味互動濾鏡，吸引網友使用轉發，也是一種品牌內容行銷的催化劑。

根據美國大學調查報告指出，使用濾鏡優化圖像的貼文比未使用的高出 21% 的機會被檢視，並得到更多回文機會。如左下圖所示是原拍攝的水庫景緻，只要一鍵套用「Clarendon」的濾鏡效果，自然翠綠的湖面立即顯現。

◎ 原拍攝畫面套用「Clarendon」濾鏡

你也可以透過濾鏡來改變或修正原相片的色調。如下圖的雕像，一鍵套用「Earlybird」的濾鏡效果，立即打造出復古懷舊風。

◎ 原拍攝畫面套用「Earlybird」濾鏡

「創意」永遠是讓相片與眾不同的最重要關鍵，Instagram 提供的濾鏡效果有 40 多種，但是預設值只有顯示 25 種濾鏡，如果各位經常使用濾鏡功能，不妨將所有的濾鏡效果都加入進來。選用「新增」⊕ 功能後進入「濾

鏡」標籤,將濾鏡圖示移到最右側會看到「管理」的圖示,請按下該鈕會進入「管理濾鏡」畫面,依序將未勾選的項目勾選起來,離開後就可以看到增設的濾鏡。針對濾鏡的排列順序,你也可以使用手指上下滑動來進行調整,例如你喜歡黑白照片,那麼就把「Moon」濾鏡排到濾鏡排列的最前方,這樣套用時就可以輕鬆找到。

從圖庫分享相片

IG 代表的不只是一個社群平台,而可以看成是每個現代人日常生活的縮影,年輕族群是 IG 的主要用戶,對圖像感受力特別敏銳,對於現代年輕人來說,大家刷 IG 也都是先看圖再決定來看文字,圖片比文字吸引人,也更符合這個世代溝通方式。

由「首頁」🏠的左上角按下「相機」📷鈕,進入下圖的畫面後,按下「圖庫」鈕即可瀏覽並選取已拍攝的相片。

———— 按「圖庫」鈕選取圖片

讓圖片說故事是最棒的行銷概念，對於年輕客群而言，第一眼視覺接觸往往直接反應喜好與否。將自己用心拍攝的圖片加上文字分享至行銷活動中，對於提升品牌忠誠度來說會有相當大的幫助。貼文中也可以一次放置十張的相片或影片，如要放置多張相片請點選 ⬚ 鈕，相片縮圖的右上角就會出現圓圈，請依序點選縮圖即可。

1. 點選此鈕進行多張相片的選取

2. 依序選取要使用的相片

4. 手指左右移動可以調整濾鏡效果，也可以旋轉相片角度、或縮放相片

3. 按「下一步」鈕進入右圖

5. 按「下一步」鈕進入分享的畫面

當各位選取圖片後，動動你的兩個手指可為畫面做進一步的調整，如下列的左下圖，食指左右滑動可看到加入前後濾鏡的畫面，方便各位做比較，兩根手指頭動一動畫面可放大縮小旋轉角度，讓畫面顯現更不一樣的風貌。

食指左右滑動可調整濾鏡

兩根手指頭動一動可縮放和旋轉角度

酷炫有趣的限時動態拍攝

如果各位使用「相機」 🎥 功能進入限時動態拍攝時，下方的拍照鈕右側會有二十多種的效果圖案與動態變化供各位選擇，只要點選圓形的圖案鈕套用，就可以馬上看到效果。除此之外，IG 也有提供各種的「特效庫」，這些特效庫是由用戶所創作的，你可以立即試用或是將它下載下來，下載的這些特效庫效果會顯示在圓形拍照鈕的左側供你選擇和套用。操作技巧如下：

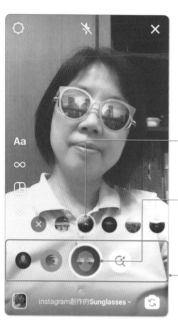

特效列移到最右側，可切換到「特效庫」、裡面有用戶提供的各種特效可以下載

2. 這裡還有副選項可以選擇變化

3. 擺好你的姿勢後按下中間的拍照鈕進行拍照

1. 由特效列的按鈕選擇要套用的效果

IG 不斷的加入各種酷炫有趣的自拍效果，各位不妨整個瀏覽一番，這樣下一次使用時就能運用自如。如下所示，很多的效果各位都可以嘗試看看。

📹 魔幻般的迴力鏢與超級變焦

由於自拍已儼然是全民運動，以「相機」📷 功能進行拍照時，除了一般正常的拍照外，也可以嘗試使用迴力鏢（boomerang）和「超級變焦」兩種模式進行創意小影片的拍攝，並能讓你更輕易地與粉絲互動，珍藏每個人生活中每個有趣又驚奇的瞬間。這兩種影片都是限定在短暫的 2-4 秒左右的拍攝長度，能夠珍藏生活中每個有趣又驚喜的剎那時刻。只要有移動的動作，透過 boomerang 就能製作迷你影片。

1. 由此選用「boomerang」和「超級變焦」兩種模式

2. 按此鈕進行拍攝

當各位切換到「boomerang」模式，按下拍照鈕就會看到按鈕外圍有彩色線條進行運轉，運轉一圈計時完畢，可以讓影片內容來回循環造成逗趣的效果，小影片拍攝完畢可讓用戶更深入了解你的產品並誘發對產品的慾望。

同樣地，如果選擇「超級變焦」模式，則是在畫面中顯示一個對焦的方框，當按下拍照鈕進行拍照時，畫面就會自動移動並放大至方框的範圍，透過各種超級變焦，讓動態主題融入聚焦情境，大家可以發揮創意，拍出各種搞笑動態，還可以選擇加入愛心、火熱、拒絕、悲傷、彈跳、節奏、驚奇、戲劇化、狗仔隊…等各種效果。

1. 由此加入愛心、狗仔隊、火熱…等各種效果

2. 按下拍照鈕，就會自動進行變焦放大的錄製

3. 火熱的影片效果

各位可以配合當時的心境，輕鬆將日常生活中的瑣事變成一段趣味影片進行變焦的過程中，快速做出許多有趣又有吸引目光的小影片，如下所示是加入「拒絕」、「驚奇」、「電視節目」的畫面。

◎「拒絕」效果

◎「驚奇」效果

◎「電視節目」效果

▶ 創意百分百的修圖技法

對於 IG 行銷而言，為了拍出一張討讚的 Instagram 美照，是不是總讓你費盡心思？在許多品牌獨特且美好的視覺內容引誘與衝擊下，高達 70％的用戶會因為這些相片啟發而採取行動，萬一你不是攝影高手，卻又擔心圖像不夠漂亮很難讓粉絲動心？各位不要以為有神仙顏值不用修圖，就算是拍花瓶也不要忘了 P 圖！各位接下來就要學習相片的創意編修功能，透過圖片串聯粉絲，可以快速建立起一個個色彩鮮明的品牌社群，讓每個精彩畫面都能與好友或他人分享。

📷 相片縮放 / 裁切功能

各位除了由「首頁」🏠 的左上角按下「相機」📷 鈕開始分享相片和影片外，也可以利用下方的「分享拍照」⊞ 進行相片 / 影片的編修與人物標記。點選 ⊞ 後可在視窗下方的「圖庫」選取以前所拍攝的相片 / 影片，也可以立即進行「相片」拍照或「影片」錄製。照片不是數大便是美，試著運用不同的放大縮小的裁切比例，讓照片看起來有所不同。各位選取相片後可按下左下角的 🔲 鈕對相片進行縮放或剪裁。

1. 按此鈕，然後動動你的手指頭調整相片的比例位置

2. 瞧！人物更清楚了

由「圖庫」選取現有相片 / 影片，或是按「相片」進行拍照，按「影片」進行攝影

🎥 調整相片明暗色彩

IG 因為有非常強大的濾鏡功能，使它快速竄紅成為近幾年的人氣社群平台，累積大量的用戶。對於分享的相片，你可以為它加入濾鏡效果，或按下「編輯」鈕進行調整，如亮度、對比、結構、暖色調節、飽和度、顏色、淡化、亮度、陰影、暈映、移軸鏡頭、銳化等編輯動作，例如不妨大膽一點，嘗試看看對比和飽和度的調高或調降，都能帶來相片的萬種風情，或是光彩奪目，或是冷靜沉穩，例如有些人偏愛日韓系的小清新風格，就可以試試偏冷和藏青色來調色，配合低對比度為主。如右下圖所示。如果是拍攝的影片，除了套用濾鏡的效果外，還可為影片加入封面！

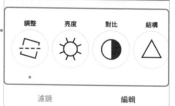

使用「調整」功能調整畫面的傾斜度

直接點選縮圖就可套用濾鏡

「編輯」所提供的各項功能，以指尖左右滑動進行切換

「編輯」所提供的各項功能，基本上是透過滑桿進行調整，滿意變更的效果則按下「完成」鈕確定變更即可。

▶ 一次到位的影片拍攝密技

在這個講究視覺體驗的年代，大家都喜歡看有趣的影片，動態視覺呈現更能有效吸引大眾的眼球，影片絕對是未來社群行銷的重點趨勢，例如不到一分鐘的開箱短影片的方式，就能幫店家潛移默化教育消費者如何在不同的情境下使用產品。

事實上，Instagram 除了拍照外，拍攝影片也是輕而易舉的事。各位可以使用「相機」◎功能，也可以使用「新增」⊕來進行拍攝影片。二者略有不同，這裡先簡單說明，讓各位知道它們的特點：

- 新增⊕：影片畫面為正方形，可拍攝的時間較長，而且可以分段進行拍攝，也可以為影片設定封面。

- 相機◎：影片畫面為長方形，可拍攝的時間較短，且以圓形鈕繞一圈的時間為拍攝的長度。拍攝時有「一般」錄影、一按即錄、「直播」影片、「倒轉」影片等選擇方式。

📹「新增」影片畫面

無論是分享精彩故事還是宣傳品牌，一部精美的 IG 影片足以吸引更多的粉絲或者潛在客戶，在這個所有人都缺乏耐心的時代，影片須在幾秒內就能吸睛，只要影片夠吸引人，就可能在短時間內衝出高點閱率。如果是拍攝影片，影片開頭或預設畫面就要具有吸引力且主題明確，尤其是前 3 秒鐘最好能將訴求重點強調出來，才能讓觀看者快速了解影片所要傳遞的訊息，方便網友「轉寄」或「分享」給社群中的其他朋友。

當各位點選「新增」⊕鈕來錄製影片，只要調整好畫面構圖，按下圓形按鈕就開始錄影，放開圓形鈕就完成第一小段影片，它會在下方標記黑色短線，繼續按下圓鈕又可繼續錄製第二段影片。如果拍攝的段落不滿意，還可按下「刪除」來刪除最後一段拍攝的內容，直到你按下「下一步」鈕進入右下圖的畫面才告錄影完成。錄影後可在「封面」標籤中設定封面相片。

3. 錄製完成，按此鈕表示影片結束錄製

2. 此影片分四小段錄製

1. 按此鈕進行每一小段影片的錄製

4. 在「封面」標籤可自訂影片封面

「刪除」鈕可針對最後錄製的片段進行刪

影片盡可能要營造臨場感與真實性，從觀眾的角度來感同身受，以吸引觀眾的目光，進而創造新聞話題或轟動。如果可能的話，最好為影片加入字幕，因為很多人的手機是在沒有聲音的情況下觀看影片，加入字幕可以讓觀眾更了解影片的內容，不會受到靜音的限制。

📹 用「相機」錄影

「相機」📷功能是大家最常使用的功能，由底端切換到「一般」，按下白色按鈕開始進行動態畫面的攝錄，手指放開按鈕則完成錄影，並自動跳到分享畫面，拍攝長度原本以彩虹線條繞圓圈一周為限，目前則是可以繼續拍攝，而成為第二段、第三段影片，直到用戶放開按鈕為止。

2. 顯示錄製的 3 段影片

1. 按下白色圓鈕會開始計時，當彩色線條繞完圓圈一周就完成一段影片

3. 當放開按鈕停止錄製，就會跳到如圖畫面，下方顯示剛剛錄影的三段影片

📹 一按即錄

「相機」📷功能底端切換到「一按即錄」鈕，那麼使用者只要在剛開始錄影時按一下圓形按鈕，接著就可以專心拿穩相機拍攝畫面，或是在錄製過程中也可以透過手指縮放畫面，直到結束時再按下按鈕即可，而每段影片的時間以繞圓周一圈為限，如果用戶仍然繼續拍攝就會自動產生第二段、第三段影片，直到按下該鈕才會結束錄製。

此功能不用一直按著按鈕進行錄影，是拍攝的最佳夥伴

錄製過程會自動產生一段段的影片

IG 直播影音不求人

目前全球玩直播正夯，許多企業開始將直播作為行銷手法，消費觀眾透過行動裝置，特別是 35 歲以下的年輕族群觀看影音直播的頻率最為明顯，利用直播的互動與真實性吸引網友目光，從個人販售產品透過直播跟粉絲互動，相對於在社群媒體發布的貼文，有將近 8 成以上的人認為直播是更有興趣，更容易吸引他們注意力的行銷方式。

Instagram 直播非常棒，因為無需購買專業設備即可上線直播，只需要各位有智慧型手機就可以開始，不需要專業的影片團隊也可以製作直播，所以不管是明星、名人、素人，通通都要透過直播和粉絲互動。Instagram 的「直播」功能和 Facebook 的直播功能略有不同，它可以在下方留言或加愛心圖示，也會顯示有多少人看過，但是 Instagram 的直播內容並不會變成影片，而且會完全的消失。當你在「相機」功能底端選用「直播」，只要按下圓形的直播鈕，Instagram 就會通知你的一些粉絲，以免他們錯過你的直播內容。

攝錄達人的吸睛方程式

相片想要吸引眾人目光，畫面色彩是否鮮豔動人、對比是否強烈鮮明、構圖是否有特色、光線變化是否別出心裁…等，這些林林總總全部都是重點。所以用心構圖讓畫面呈現不同於以往的視覺感受，這樣拍出來的相片就成功了一半。Instagram 是個獨特又迷人的社群，不僅啟發了品牌的行銷和攝影技術，還能加速帶動趨勢的流行，想要使用 Instagram 進行相片拍攝或錄影，一切細節都很重要，想要對品牌 / 商品進行宣傳，那麼基本的攝錄影技巧不可不知。

當各位拿起手機進行拍攝時，事實上就是模擬眼睛在觀看世界，所以認真觀察體驗，用心取景構圖，以自己的眼睛替代觀眾的雙眼，真實誠懇的傳達理念或想法，才能讓拍攝的相片與觀看者產生共鳴，進而在短時間內抓住觀看者的目光。這個小節我們將針對拍攝的基本技法做說明，讓你拿穩手機拍照，用你那充滿創造力的雙眼認真看待世界，就能將平凡的事物推向藝術境界，輕鬆拍出吸睛的畫面。

掌鏡平穩的訣竅

各位要拍出好的視訊影片，最基本的功夫就是要「平順穩定」。因此，雙腳張開與肩膀同寬，才能在長時間站立的情況下，維持腳步的穩定性。手持手機拍攝時，儘量將手肘靠緊身體，讓身體成為手機的穩固支撐點，屏住呼吸不動，這樣就可以維持短時間的平穩拍攝。

觀景窗距離眼睛遠，手肘沒有依靠，單手持手機拍攝，都是造成視訊影像模糊的元兇

如果環境許可的話，盡量尋找週遭可以幫助穩定的輔助物，譬如在室內拍攝時，可利用椅背或是桌沿來支撐雙肘；在戶外拍攝，那麼矮牆、大石頭、欄杆、車門…等，就變成各位最佳的支撐物。善用周邊的輔助工具，可讓雙肘有所依靠。若是進行運鏡處理時，那麼建議使用腳架來輔助取景，以方便做平移或變焦特寫的處理。

利用周遭環境的輔助物做支撐，可增加拍攝的穩定度

例如各位經常在 Instagram 上看到許多的精緻的美食，大都採用如下的「平拍」手法，所謂「平拍」是將拍攝主題物放在自然光充足的窗戶附近，採用較大面積的桌面擺放主題，並留意主題物與各裝飾元素之間的擺放位置，透過巧思和謹慎的構圖，再將手機水平放在拍攝物的上方進行拍攝。由於拍攝物與相機完全呈現水平，沒有一點傾斜度，所以稱為「平拍法」。這種拍攝的方式安全而且失誤率低，建議各位不妨使用看看。

請注意！「平拍手法」不一定得在平面的桌面上進行拍攝，只要主體物和相機是採水平方式進行拍攝，也能產生不錯的畫面效果，如下圖所示：

採光控制的私房技巧

攝影最重要的元素就是光線，光線可以說是照片和影片的第二生命，坦白說，只要光線對了，真的就是套什麼濾鏡都好看。攝影的光線有「自然光源」與「人工光源」兩種，自然光源指的就是太陽光，這是拍攝時最常使用的光源，因為自然光卻可以呈現產品最原始的色澤和外貌，同樣的場景會因為季節、天候、時間、地點、角度的不同而呈現迥異的風貌，每次拍攝都能拍出不同感覺的照片，因此不管是要在家裡或是建築物內拍攝，都可以利用靠窗座位、窗台等位置來取用自然陽光。這些生活中細微的光源變化，往往左右了每一張照片的成敗。像是日出日落時，被射物體會偏向紅黃色調，白天則偏向藍色調，晴天拍攝則物體的反差較強烈，陰天則變得柔和。

室外也是一個尋找靈感的好地方，除了光線充足與均勻外，更多了一份視野的寬闊感，不過要留意光源位置不同會影響到畫面的拍攝效果，光線均勻可以拍出很多細節，如果被拍攝物體正對著太陽光，這種「順光」拍攝出來的物體會變得清楚鮮豔，雖然光線充足，但是立體感較弱。如果光線從斜角的方向照過來，由於陰影的加入會讓主題人物變得更立體。

◎ 陰影除了增加立體感外，也能產生戲劇化的特色效果

如果是正中午拍攝主題人物，由於光源位在被攝物的頂端，容易在人像的鼻下、眼眶、下巴處形成濃黑的陰影。「逆光」則是由被拍攝物的後方照射而來的光線，若是背景不夠暗，容易造成主題變暗。

◎ 逆光攝影會讓主體的輪廓線更鮮明，易形成剪影的效果

很多的風景畫面若是探求光線的變化，往往會讓習以為常的景緻展現出特別的風味。另外，線條的走向具有引領觀賞者進入畫面的作用，或者嘗試利用撞色搭配出反差感，所以各位在按下快門之前，不妨多多嘗試各種取景角度，不管是高舉相機或是貼近地面，都有可能創造出嶄新的視野和景象。

◎ 對比變化

◎ 弧線變化

◎ 線條／色彩變化

◎ 色彩變化

📹 多重視角的集客風情

雖然是人手一支的手機，拍攝的是日常生活中的事物，一般人在拍攝時都習慣以站立之姿進行拍攝，這種水平視角的拍攝手法，畫面會變往往得平凡而沒有亮點，因為眼睛早已習以為常。IG 的圖片代表著品牌的形象，拍攝的角度也非常重要，人們都會被特殊的視角吸引，你分享的東西應該要有自己的風格，例如是精緻烹調的食物，最好就用俯視的角度，由上往下拍攝，拍出空間感之餘的幸福氣氛。

我們建議各位不妨採用與平日不同的角度來拍世界，取角角度不同，除了能讓主題與背景構築的畫面更豐富，利用多重視角創造多樣視覺構圖，特別是從不同的角度去觀察輪廓與光影，經常會讓人有眼睛一亮的感覺。諸如：坐於地上，以膝蓋穩住機身；或是單腳跪立，以手肘撐在膝蓋上；或是全身躺下，只用兩手肘支撐在地上。這樣的拍攝方式，不但可以穩住機身，拿穩鏡頭，仰角度、俯角度也能帶給觀賞者全新的視覺感受，偶爾添加一些仰角畫面，能帶到更完整的建築物，尤其是拍攝高聳的主題人物，也會更具有氣勢。另外，鏡頭由一個點橫移到另一點，或是攝影鏡頭隨著人物主題的移動而跟著移動等方式，也可以表現出動感和空間效果。

◎ 俯角能拍出食物飽滿的幸福感

◎ 採用低姿勢拍攝，視覺感受的新鮮度會優於站姿

色彩是影響照片很決定性的要素，如果是拍攝餐點、糕餅、點心等美食或商品，除了善用現場的自然光線外，互補色或對比色能創造出不同心動效果，記得要重視擺盤，讓畫面看起來精緻可口且色彩繽紛，例如一張吸睛的食物照絕對不是只有食物那麼簡單，道具是很重要的元素，善用道具作

為點綴，像是花瓶、眼鏡、雜誌、手機、錢包、筆電⋯等，讓照片營造出意境或美好的氛圍。至於視角部分，除了一般常用的從正上方往下拍外，不妨嘗試由前面正拍食物，像是以連拍技巧捕捉醬汁倒入食物中的畫面、準備開動美食、手持食物的動作⋯等，只要背景簡單清爽，焦點放在美食上，也能照出高人氣的美食照，切記！千萬不要找背景太混亂的地方，這樣會模糊焦點，影響了整體效果。

在拍攝影片時，最好一次只拍攝一個主題，因為「極簡攝影風」更能營造出讓視覺深呼吸的想像空間，以一個主題貫穿所有作品，除了讓作品有更統一的風格外，也方便構思與跑出靈感。不要企圖一鏡到底，盡可能善用各種鏡頭或角度來表現主題，用意在於凸顯照片中的主題，並能帶出觀眾當下的情感張力，例如要展現一個展覽或表演活動，可以先針對展覽廳的外觀環境做概述，接著描寫展覽廳的細節、表演的內容、參觀的群眾，最後加入可以加入自己的觀感⋯等等。

在 Instagram 裡運用「新增」⊞ 鈕來錄製影片，正好可以表現像這樣的多片段畫面，只要預先構思好要拍攝的片段，就能胸有成竹的利用「新增」⊞ 鈕來輕鬆達標。如果沒有預先計畫，企圖從外到內一鏡完成，這樣拍攝出來的效果一定讓人看得頭昏眼花。

獲讚無數的自拍手札

IG 是個美圖爭妍鬥豔與百家爭鳴的地方，或許更是下一個零售業者或品牌接近千禧世代的方式。大家都喜歡將自己打扮自己最美麗照片上傳，只要你的照片有創意質感，日常的美食照、穿搭照等都能應用，就能累積廣大粉絲。如果你喜歡自拍，現今流行的自拍神器相當好用，除了可以不受拘束地想拍就拍，多節的伸縮調桿，讓拍遠拍近都變得輕鬆，用自拍棒拍照的話，一個人也可拍出寫真集般的效果。手機鏡頭夾也有提供特效可打造不同的效果，另外手機夾所附的後視鏡頭，讓自拍者輕鬆拍下美美的照片，出外旅遊有了它真的是方便好用。

自拍重點首要就是看場合，使用手機自拍影像或視訊時，第一步要找到對的光線，是自拍的基本功，接著要選對合適的時間和地方自拍，加上到位表情和信心，例如女生在自拍的時候都喜歡側臉，由於大部分人的臉也不是左右對稱，拍照時挑選自己偏好的一面上鏡就是基本常識。例如縮下巴抿唇微笑，偷偷發出「C」或「甜」的音之外，角度的拍攝也是很重要的，除非你很瘦，不然鏡頭一定要比臉高，像是以左上 / 右上 45 度角向下拍，可以讓五官更立體，並在自拍時同時將下巴往下壓，讓臉的弧度更美麗，同時臉頰也會變得嬌小，或者以「雙手捧臉或托腮」等小動作遮住臉部，再依照臉型大小做微調，都是用戶票選最迷人的姿勢，通常都會有不錯的迷人視覺效果。

◎ 手機自拍畫面

拍照時奉勸最好待在戶外，或是陽光照射的窗戶邊，光源往往都是拍照的重點，你不需直接站在景點前，試著融合兩旁街景會更時尚不凡。當然也可以使用智慧型手機的廣角鏡來進行自拍，可以使照片畫面裡的透視關係更加明顯，只要景抓得好都能拍出一種讓背景更震撼獨特的感覺，這種廣角鏡為可卸式，需要時再插在手機上即可，使用廣角鏡拍攝時最好以水平角度進行拍攝。基本上，對於一部分商家小編來說，自拍其實不難，只要加上些微攝影常識，搭配一些有趣的景物，就能述說一個很酷的品牌故事。

▶ 魅惑大眾的構圖思維

原來一張細膩的美照，背後也暗藏許多層次的巧思，例如「構圖是第一生命、光線是第二靈魂」，先掌握住這兩個關鍵，就能拍出熱門的吸睛照。構圖（Composition）指的是構成圖像的元素，簡單來說就是「圖像的呈現組合」。當你去到一個全新的景點時，通常我們會變得更為靈敏和善於觀察，不妨用心找一個好地點來思考如何構圖。因為構圖的好壞通常會影響受眾的視覺印象和心裡感受。例如：拍攝遼闊的海平面時，使用水平線的構圖可讓畫面呈現平穩、寧靜的感受，而拍攝高聳的建築物，由於垂直線的構圖，則容易產生高大或孤獨的心理感受，像這樣就是構圖影響心理層面的感受。

好的構圖思維才是拍照最重要的精氣神所在，一張好的照片，本身的構圖是吸睛的基礎。構圖最簡單的訣竅就是「精簡」，除了拍攝的主體外，其他多餘的東西盡量不要加入，萬一背景雜亂無章，那麼換個角度拍攝，或是拍攝後利用「編輯」標籤中的「移軸鏡頭」、「暈映」等功能將背景變模糊，也是一種解決之道。構圖要吸引目光，主題人物的位置、大小、角度、光線、遠近都有關聯，構圖雖不盡然決定照片的一切，但比起專業技術的養成，學會構圖才是最基礎的關鍵步驟。入門新手一般最常應用的就是「三等分」法和「黃金比例」，這裡順道跟各位做說明，讓你拍攝的畫面也能達到一定的水準。

🎥 三等分構圖

「三等分」（rule of thirds）構圖又稱為「井字構圖」，是許多拍照達人最常使用的構圖技巧，可以利用手機相機裡內建的九宮格線功能來對照畫面，橫直線相交叉的四個點，或是線的所在位置，無論是垂直、水平方向，將拍攝的主題放在這三等份之一，使畫面更有氛圍與美感。以下構圖是將主題定位在其中之一的等分參考線上，其視覺效果會比將主題放在畫面正中央來的吸引人。

另外，也可以將照片平均分割成上／中／下，或左／中／右三等分，將拍攝人物或物品等主題放在三等份不同位置，例如將「主題人物」放在垂直與水平交叉點，更有美感與 Fu，而切割的準則是將可辨識的主體依照遠／中／近分切割，就能營造不同的氛圍，而造成視覺上的遠近層次感。

黃金比例構圖

所謂的「黃金比例」是一種特殊的比例關係，其比值在經過運算後大概是 1:1.618。黃金比例應用到構圖技法上，同樣具有強烈的審美價值，相信各位構圖時，應該沒有那麼多的時間去作短邊／長邊的比例運算，不過各位在決定拍攝對象主體的位置時，可以參考黃金分割定律，將畫面以斜線一分為二，再從其中的一半的三角形中拉出一條跟那條直線垂直的線，將焦點放在該處就是黃金比例的構圖了，也會使照片耐看又不失平衡感。

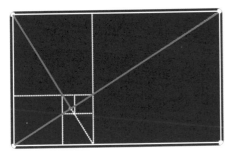

◎ 黃金比例分割

▶ 魔性視覺的爆棚行銷力

想要不花大錢，小品牌也能痛快做行銷，那麼以 Instagram 進行年輕族群的行銷，就不得不對影音 / 圖片的行銷技巧有所了解。由於每個社群平台都有專屬的特性，所以你也不能將同一種經營方式都套用到每一個平台上，尤其現在的消費者早己厭倦了老舊的強力推銷手法，太商業性質的行銷手法反而容易造成反效果，所以行銷品牌或商品時當然要以色彩豐富、畫面精緻、視覺吸睛、新潮有趣的創意相片或影片為主。

◎ Adidas 的相片行銷力相當與
眾不同

📹 別出心裁的組合相片功能

如果想要將多張相片組合在一張畫面上，各位可以利用「新增」⊞ 所提供的「組合相片」來處理。組合相片必須先下載「Layout from Instagram」APP，它的特點是可以製作有趣又獨一無二的版面佈局，使用者可以拖曳相片來交換位置，也可以使用把手調整相片的比例大小，還能利用鏡像和翻轉功能來創造混搭效果，而且能把直接現場拍照拼成同一張，當然也可以拿舊照＋現拍的照片拼貼在一起。

如果你尚未使用過「組合相片」的功能，那麼這裡將告訴你如何從安裝軟體到實際完成相片組合的方式。請由 Instagram 底端按下 ⊞ 鈕，切換到「圖庫」標籤，並由圖庫中先選取一張相片，接著按下 ⊕ 鈕準備下載「Layout from Instagram」APP。

1. 點選要使用的相片

2. 按此鈕切換到版面佈局

3. 第一次會出現此視窗，按「下載 LAYOUT」鈕

Instagram 會自動帶領各位到 Play 商店，並顯示版面配置的 APP，請按下「安裝」鈕安裝程式後，緊接著會看到 5 個頁面介紹如何使用版面佈局，瀏覽後按下灰色的「開始使用」鈕，即可進行版面的佈局。

安裝「Layout from Instagram」APP

安裝完成按此鈕開始使用

各位可以先從下方的圖庫中點選要使用的相片，接著由上方選擇想要使用的版面進行套用。套用版面後如果想要變更相片，只要點選相片，按下「取代」鈕就可以重新選取相片。點選版面中的相片，當出現藍色的框框時可進行相片的縮放，也可以透過下方的「鏡像」鈕或「翻轉」鈕調換相片構圖。

2. Instagram 提供多種版面，點選要套用的版面

1. 點選要使用的相片

相片上下對換

相片左右對換

想要為版面加入邊框線做分隔也沒問題，按下「邊框」鈕就會自動加入白色線條，編輯完成後，按「下一步」鈕將可使用「濾鏡」與「編輯」功能編輯版面。如右下圖所示，使用「調整」功能旋轉版面，讓版面變傾斜看起來就變活潑有動感，編輯完成按「下一步」鈕就可進行分享。

按此鈕進行分享

按此鈕可加入白色分隔線條

使用「調整」功能可讓版面變傾斜

催眠般的多重影像重疊

各位拍攝產品也可以讓多張相片重疊組合在一個畫面上，讓人有吸睛放閃的夢幻般感覺，利用 Instagram 的「相機」 ⓞ 功能也可以拍出多重影像重疊的畫面效果喔，使用方式很簡單，請在「首頁」 🏠 點選「相機」 ⓞ 功能，這時可以選擇拍攝眼前的景物或自拍，也可以從圖庫中找到你曾經儲存過的畫面。拍照或選取相片後，在相片上方按下「插圖」 😃 鈕，出現如右下圖的選項時請點選「相機」圖示，接著顯示前鏡頭再進行自拍。

2. 按此鈕顯示
插圖

1. 由圖庫中選
取要使用的
畫面

3. 選取相機圖
示後，可進
行前景畫面
的拍攝

前鏡頭有提供三種不同模式，包含圓形白框效果、柔邊效果、以及白色方框效果，以手指按點前鏡頭就會自動做切換。調整好位置，按下前鏡頭下方的白色圓鈕即可快照相片。拍攝後還可進行大小或位置的調整，也可以旋轉方向，拍攝不滿意則可拖曳至下方的垃圾桶進行刪除，相當方便。透過這樣的方式，你就可以發揮創意，盡情地將你的商品融入生活相片之中。

1. 點選前鏡頭
可切換圓形
／方形／柔邊
三種模式

2. 按下白色圓
鈕進行拍照

3. 依序點選
「相機」圖
示可加入多
個前景畫面

📹 相片中加入可愛插圖

讓 IG 相片變可愛的方法有很多，尤其突然看到這些可愛的貼圖，讓粉絲們表達最真實的心情和感受度，莫名的覺得超療癒，互動率馬上瞬間爆表！例如各位可以使用「相機」📷 功能進行拍照或選取圖庫相片，各位就會在螢幕頂端看到如圖的幾個按鈕：

點選「插圖」💬 鈕會在相片上跳出如下的設定窗，各位可以使用指尖左右切換頁面，也可以上下滑動瀏覽各式各樣的可愛插圖，不管是眼鏡、帽飾、表情圖案、手指圖案、動物、愛心、蔬果、點心⋯等一應俱全。

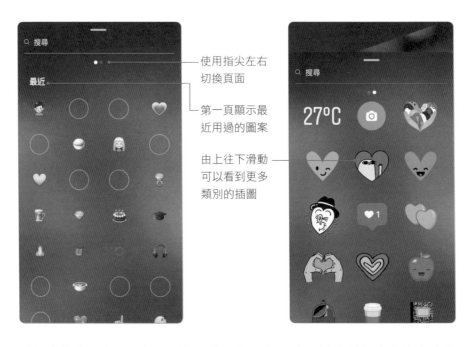

點選喜歡的圖案即可加入到相片上，插圖插入後，以大拇指和食指尖往內外滑動，可調動插圖的比例或進行旋轉。如果不滿意所插入的插圖，拖曳圖案時會看到下方有個垃圾桶，直接將圖案拖曳到垃圾桶中即可刪除。利用這些小插圖，就可以輕鬆將同一張相片裝扮出各種造型出來。

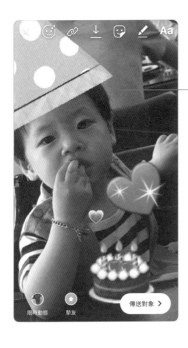

同一張相片經過不同的裝飾插圖,也能變化出多種造型

📹 超猛塗鴉的文字特效

年輕人就是喜歡美而新鮮的事物,在相片中加入一些強調性的文字或關鍵字,讓觀看者可以快速抓到貼文者要表達的重點,既符合年輕人的新鮮感,也跟得上時尚潮流。如下所示,使用塗鴉方式或手寫字體來表達商品的特點,是不是覺得更有親切感!多看幾眼就會在不知不覺中將商品特色給看完了!

◎ 圖片加入塗鴉文字的說明,讓觀看者快速抓住重點

各位也可以在相片上寫字畫圖，把相片中美食的特點淋漓盡致地說出來，以吸引用戶的注意，這種行銷手法各位應該在 Instagram 相片中經常看得到。

當你使用「相機」◎功能取得相片後，按下「塗鴉」✎鈕即可隨意塗鴉。視窗上方有各種筆觸效果，不管是尖筆、扁平筆、粉筆、暈染筆觸都可以選用，畫錯的地方還有橡皮擦的功能可以擦除。

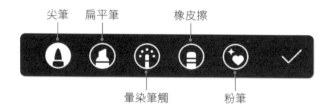

視窗下方有各種色彩可供挑選，萬一提供的顏色不喜歡，也可以長按於圓形色塊，就會顯示色彩光譜讓各位自行挑選顏色。文字大小或筆畫粗細是在左側做控制，以指尖上下滑動即可調整。

提供的各種
筆觸

拖曳左處邊界
的圓形滑鈕可
控制畫筆粗細

長按色塊會變
成光譜，可自
行調配顏色

下方色塊選擇
可選擇文字或
筆畫色彩

上圖所顯示的塗鴉文字是筆者直接用手指指尖所書寫的文字，看起來比較粗獷些，如果你想要有較細緻的筆觸，可以另外購買觸控筆。目前的觸控筆可以支援多種裝置，觸控書寫 2 合 1，且筆頭僅 0.25 cm，精準可靠，如果你經常在手機上畫圖、做筆記、或書寫，不妨考慮使用觸控筆，讓觸控筆為你畫出完美的線條和寫出漂亮的文字。另外，按下「文字」**Aa** 鈕可以加入電腦打入的文字，強調你要推銷的重點，這樣一張圖片就可以輕鬆抓住用戶的眼睛。

「文字」工具

使用「文字」工具
加入要行銷的文字

立體文字效果

這裡所謂的「立體文字」事實上是仿立體字的效果。各位只要輸入兩組相同的文字，另一組文字（黑色）放在底層，並將兩組字作些許的位移，就可以看起來像立體字一樣。

1. 輸入文字後，再複製一組相同的字

2. 將兩組字重疊後，再作些許的位移就搞定了

擦出相片中的引爆亮點

有時相片中的內容物太多，不容易將想要強調的重點商品表現出來，那麼各位不妨試試下面的擦除技巧。如左下圖所示，畫面中擺放了多種的酒類，當各位調整好位置後，請按下「塗鴉」 ✎ 鈕，接著從下方的色塊中選定要使用的色彩，選定顏色後以手指長按畫面，那麼畫面就會塗上一層你所設定的色彩，如左下圖所示。

1. 按「塗鴉」鈕

3. 以手指長按螢幕，就會將綠色填滿整個畫面

2. 選定要使用的色彩（綠色）

接下來選用「橡皮擦」![]工具，調整筆刷大小後，再擦除掉重點商品的位置，最後加入強調的標題文字，就能將主商品清楚表達出來。

1. 選用「橡皮擦」工具

3. 擦除重點商品的主要部分

2. 由此調整筆刷大小

▶ 打造超人氣圖像包裝術

Instagram 讓商家或品牌可以透過圖像向全球用戶傳遞行銷訊息，拍攝出好的圖片可以為你累積追蹤者及粉絲。吸睛的美照能在視覺上特別容易引起客戶的注意，如果拍攝的相片不夠漂亮，真的很難吸引用戶們的目光，粉絲對於重複出現的圖片會感到厭倦從而忽視你的貼文。接下來我們提將供與影音 / 相片有關的進階包裝技巧供各位做參考，希望各位能有效的將商品印象深深烙印在追蹤者或其他用戶的腦海中。

🎥 加入 GIF 動畫

GIF 動畫是一種動態圖檔，主要是將數張靜態的影像串接在一起，在快速播放的情況下而產生動態的效果。早期網頁中的許多小插圖大都使用 GIF 動畫格式，後來因為顏色只有 256 色因而沉寂了好一陣子，最近則因為 Facebook 與 Instagram 的支援而又開始活絡起來。

當各位在「相機」功能中點選「插圖」🖼 鈕，第一個頁面就是顯現各位最近使用過的插圖，以及 GIPHY 熱門動態貼圖。GIPHY 是一個在動態 GIF 圖片搜尋的引擎，有 GIF 界的谷歌之稱。它的使用方法和一般搜尋引擎一樣，用戶只要在搜尋列上輸入自己想要搜尋的主題，就能從 GIPHY 提供的成千上百張動圖中挑選貼圖來搭配。

由於 GIF 動態圖檔有清新的、搞笑的、賣萌的…，選擇性相當多。GIPHY 現在也運用到 Facebook、Twitter、Instagram 等社群媒體之中。越來越多人喜歡用 GIF 來表達自己的想法，或是當心情溢於言表時，GIF 動畫是一個很好的選擇。請直接在「搜尋」列上進行搜尋。搜尋列上輸入「蛋糕」的主題，如左下圖所示，下方會顯示各種的蛋糕圖樣，點選喜歡的圖案即可在相片中加入：

1. 輸入搜尋的主題「蛋糕」

2. 選取要使用的 GIF 動畫圖示

3. 加入後可自行縮放或旋轉角度

善用相簿展現商品風貌

Instagram 在分享貼文時，允許用戶一次發佈十張相片或十個短片，有這麼好的功能商家千萬別錯過，利用這項功能可以把商品的各種風貌與特點展示出來。如下所示的衣服販售，同一款衣服展示各種不同的色彩，衣服的細節、衣服的質感…等等，以多張相片表達商品比單張相片來的更有說服力。

在影片部分，可以故事情境來做商品介紹，也可以進行教學課程，像是販賣圍巾可以教授圍巾的打法，販賣衣服可介紹剛商品的穿搭方式，以此吸引更多人來觀看或分享，不但利他也利己，贏得雙贏的局面。

📹 標示時間 / 地點 / 主題標籤

各位在「相機」功能中點選「插圖」😀 鈕後，會在第二個頁面看到如左下圖的選項，點選「地點」、「# 主題標籤」、和日期三個按鈕，就可以在畫面中標示出時間、地點、與主題標籤。加入後自行調整要放置的位置、比例大小、角度，按點標籤還會自動變更色彩與樣式。

在相片中加入主題標籤和地點是一個不錯的行銷手法，因為當其他用戶們的眼球被精緻美豔的相片吸引後，只要知道相片中的地點或主題，就有機會增強他們的印象。社群行銷成功關鍵字不在「社群」而是「連結」，讓相同愛好的人可以快速分享訊息，也增加了你的產品的曝光機會。

按點標籤可以變更顯示的色彩與樣式喔

另外，你也可以在相片中將自己的用戶名稱標註上去，這樣任何瀏覽者只要點選該標籤，就可以隨時連結到你的帳號去查看其他商品。

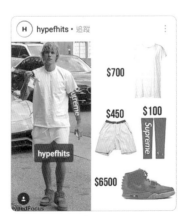

◎ 按點灰色標籤，就可以連結到該用戶

現在也有許多人採用相互標籤的方式來增加被瀏覽的機會，也就是在圖片中加入其他人的標籤，這樣當瀏覽者點閱相片時，就會同時出現如下圖所示的標籤，增加彼此間的被點閱率。

相片中加入用戶標籤並不難，點選「新增」⊕頁面進行拍照後，在最後「分享」畫面中點選「標註人名」，再將自己或他人的用戶名稱輸入進去就搞定了！

創意賣相的亮點行銷

進行商品行銷時，要讓客戶的眼睛為之一亮，突出的創意和巧思是很重要的。多用點「心眼」在相片上，就可以獲得更多人的矚目。如左下圖的泰國奶茶，透過手拿的方式，不但可以看出商品的比例大小和包裝，就連同系列的茶品也能在旁邊的價目表看得一清二楚。介紹鞋款樣式，以誇大的方式讓男模站在鞋子前方，不但鞋子樣式清晰可見，也可以從男模腳上看到穿著該鞋款的帥氣模樣。

以「諧音」方式進行發想也是不錯的創意方式，像是「五鮮級平價鍋物」
據說是利用閩南語的「有省錢」的諧音結合精緻的鍋物而成，讓饕客可以
用最划算的價格滿足吃貨的味蕾。又如「筆」較厲害，是透過同音不同字
的方式來描述商品。像這樣的創意和巧思融入相片或貼文之中，就能增加
它的可看性和趣味性。

📹 加入票選活動

在相片上店家也可以加入投票活動喔！讓你製造問題和兩個選項，再由瀏
覽者進行選擇。這樣的投票功能自從推出以後，如果你有選擇的障礙，就
可以用此方式來詢問朋友的意見，也增加了彼此之間的互動。而參與投票
的用戶可以知道投票所佔的比例，發問者則可以看到那些人投了哪個選

項。透過這樣的方式，商家就能進行簡單的市場調查，以便了解客戶的喜好。如左下圖所示，便是商家在限時動態中所進行的「票選活動」，讓你選擇「青銅」或「銅」的鍋具。

使用此功能即可進行票選的設定

滑桿方式和簡答題的互動方式可也以用喔

除了「票選活動」採用兩個選項來選擇外，還有以滑桿的方式來設定喜好程度，或是直接用簡答的方式來回覆問題，三種的呈現效果如下：

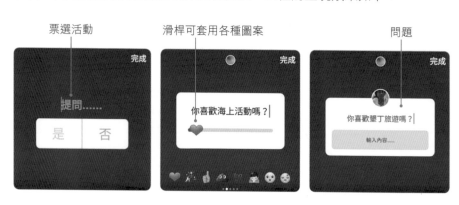

票選活動

滑桿可套用各種圖案

問題

📹 奪人眼球的方格模板

Instagram 是以圖片傳達的強有力工具，尤其是個人頁面的方格模板，更是可以用圖片來展現所有作品。當其他用戶在快速捲動方格模板時，若是圖片在視覺上保持一致性，簡約、高雅、又不失變化性，這樣就能夠塑造出個人風格或品牌。如左下圖所示，同一個女模分別顯現在不同的景緻中，但構圖和色彩都很唯美。而右下圖則以美食為主，整個作品呈現一致性。你也都可以透過此方式來進行個人／品牌或商品的行銷，只要專注在單一題材或風格上，並竭盡所能的深入研究，這樣其他用戶就會特別注意到你。

📹 情境感染的造粉賣點

Instagram 是一個能夠盡情宣洩創意的舞台，你可以多用點心機，發揮一下巧思，讓相片不只是張相片而已，而是可以訴說千言萬語的超人氣創意作品。你可以在相片中直接說明你的情緒或感染力，也可以在相片裡將你想要訴求的重點說明出來。例如：拍攝你要行銷的商品時，不妨將品牌或店家名稱也一併入鏡，這樣的一目了然，相信會在眾多的相片中就能脫穎而出，而且達到大量製造新粉絲的目的。

各位以相片進行商品宣傳時，除了真實呈現商品的特點外，在拍攝相片時也可以考慮使用情境畫面，也就是把商品使用的情況與現實生活融合在一起，增加用戶對商品的印象。就如同衣服穿在模特兒身上的效果，會比衣服平放或掛在衣架上的效果來得吸引人，手飾實際戴在手上的效果比單拍飾品來的更確切。你也可以像下方的兩個商家一樣，同時顯現兩種效果，讓觀看者一目了然。商品展示越多樣化，細節越清楚，消費者得到的訊息自然越豐富，進行購買的信心度自然大增。

◎ 同時顯現首飾平放和穿戴的效果

又如美食的呈現，只要將大家所熟悉的手或餐具加入至畫面中，也能讓觀看者知道食物的比例大小。

▶ 玩轉 IGTV 行銷

由於社群上每個人都可以成為一個獨立的電視頻道，讓參與的粉絲擁有親臨現場的感覺，帶來瞬間的高流量，例如在舉辦行銷活動的時後，就可以使用直播功能來增加觸及率，Instagram 現在除了利用相機的「直播」功能進行影片拍攝外，現在 Instagram 還提供「IGTV」功能，這讓 IG 的影音行銷模式又有了全新轉變。「IGTV」是一個嶄新創作空間，專為手機的實際使用狀態而打造，全螢幕直向影片播放，徹底發揮它原生於手機平台的優勢。

根據統計，年長的觀眾喜歡看真正專業的影片，年輕世代則傾向觀看素人創造的業餘內容，IGTV 更會針對觀眾的喜好與興趣，推播

◎ 年輕世代較傾向觀看素人創造的業餘內容

他們有興趣的內容，例如可以透過更長的非專業影片與觀眾互動，IGTV 的出現，不只宣告行動影片的時代正式來臨，更提高了內容創造者之於品牌的重

要性，影片能夠塑造品牌個性，用戶可以分享每週產品新訊，無形中讓客戶對品質認知產生深遠影響，所以聰明的店家不妨試用 IGTV 來做行銷。

IGTV 的完美體驗

首先各位要了解 IG 與 IGTV 其實是兩個不同平台，有點像是 FB 與 YouTube，不過在 Instagram 的品牌下直接整合得更好，通常 IGTV 的用戶觀看影片時間短，較偏向被動接受已追蹤的帳號所提供的影片，YouTube 用戶則習慣主動搜尋關鍵字找對應的內容，通常比較願意接受陌生用戶提供的影片。

以往在 Instagram 中就可以建立 IGTV，但是現在必須另外下載 IGTV App 程式才可以使用 IGTV 一按即錄的功能，然後才能進行錄製和發布影片，不過影片必須超過 1 分鐘才行，未達 1 分鐘的影片無法進行發佈，而影片的長度以 15 分鐘為限。

安裝 IGTV App 後的畫面如下：

1. 啟動 IGTV App 後，在右上角按下「+」鈕就會進入錄製畫面

2. 按此鈕開始錄製影片

3. 必須錄製超過 1 分鐘才能完成，否則會告知你無法發佈影片，按此鈕停止錄製

當你按下停止錄製鈕後，會看到左下圖的視窗，你可以選擇下載影片，或是按下右下角的箭頭鈕進行封面的設定。

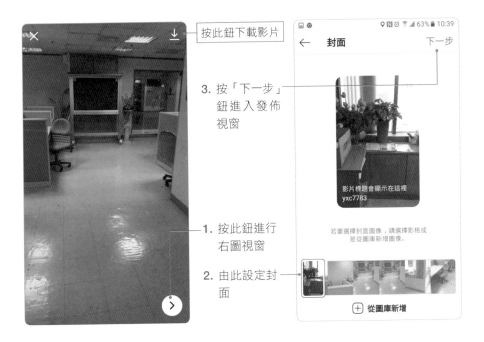

按此鈕下載影片

3. 按「下一步」
鈕進入發佈
視窗

1. 按此鈕進行
右圖視窗

2. 由此設定封
面

設定封面之後進入「新的 IGTV 影片」，各位輸入標題、説明文字就能選擇將影片內容發佈到 Instagram 的個人檔案或動態消息，或是將影片顯示在 Facebook 或 Watch 上。

3. 按此鈕發佈
影片

1. 輸入標題和
説明文字

2. 發佈到 IG 請
啟動此鈕

若要發佈到 FB
上請啟動此鈕

至於建立完 IGTV 頻道的用戶，IGTV 鈕都會顯示在「首頁」的個人簡介下方，能讓瀏覽者一次看個夠，所以透過 IGTV 來行銷重點商品，不失為簡便又有效的方法。

該用戶所建立的 IGTV 都會顯示在此處

如果你想搜尋或觀看任何的 IGTV 影片，可到如下的畫面中進行搜尋。

2. 切換到「IGTV」標籤

1. 切換到此畫面

點選影片縮圖即可觀看該影片。如果覺得下方的影片圖示會遮住影片內容，可以用手指將選單向下滑，即可顯示右下圖的全畫面，讓你觀看、暫停、按讚、留言、或傳送訊息。

按此鈕觀看該影片

以手指向上滑動，可看到更多的 IGTV 影片　　以手指下滑，可隱藏選單　　觀看／暫停、按讚、留言、或傳送訊息

🎥 輕鬆上傳影片至 IGTV

新版 IGTV 可以讓用戶在使用 I 上更加方便，因為新使用者不必再建立 IGTV 頻道，即可上傳影片影片至 IGTV 上。IGTV 頻道適合放置直式拍攝的影片，如果原先製作的影片為橫式，那麼建議你可利用其他視訊軟體加入背景底圖，這樣畫面看起來會比較完美。例如「威力導演」行動版就有提供 9:16 的直式影片編輯，簡單步驟就能加入手機中的影片／相片，串接後再加入標題、濾鏡和背景音樂，快速就能完成影片的製作，各位可以免費試用看看。另外最簡便的方式就是利用 IG 的「相機」功能進行加工，不管是濾鏡、文字、貼圖⋯等，再將影片儲存至手機中就可搞定。

IGTV 頻道適合
放置直式影片

橫式影片最好
加入背景底圖

要將影片上傳到 IGTV，請由右上角按下「＋」鈕，就能從「圖庫」中選取
你的影片。

1. 按「＋」鈕
上傳影片

2. 從圖庫中選
取已製作好
的影片檔

各位選取影片後會看到影片內容，按右上角的「下一步」鈕可以從下方的縮圖中設定影片的封面圖像，緊接著設定標題和説明文字，也可以自訂影片的封面，設定完成按下「發佈」鈕就大功告成。

1. 按此鈕進入下一步

3. 輸入標題與説明文字

2. 點選縮圖做為影片封面，按「下一步」鈕

4. 按下「發佈」鈕發布 IGTV 影片

影片上傳需要一些等待的時間，稍待片刻後你的頻道中就會顯示新增加的影片，而個人頁面中按下圓形的「IGTV」鈕，你也可以看到你曾將上傳過的 IGTV 內容。如右下圖所示。

當然 IGTV 影片內容素質還是決定行銷訴求是否有效的關鍵，店家在製作影片時不妨將產品融入故事題材中，或者為自家影片增加知識性的內容，特別是在前 10 秒就要挑起觀眾的好奇心，不要一直老王賣瓜似地促銷自家產品有多麼的好，在影片快結束時不妨加上 logo 或產品介紹，讓故事與產品做適當整合與連結。過去各位在發布 IGTV 時只能以一部影片為單位，現在還能夠將同一主題且劇情連貫影片歸類為同一系列影片，透過影集形式創建，這樣的模式也比較容易培養出一群固定追蹤店家影片的粉絲。

🎥 複製 IGTV 影片連結網址

對於發佈出去的 IGTV 影片，你可以將影片的連結複製到其他的社群網站上，這樣其他網友也有機會觀賞你的 IGTV。要複製連結網址，請在影片播放的情況中按下 ⋮ 鈕，當出現功能選單時選擇「複製連結」指令，這樣就可以將網址複製到剪貼簿中，再到你要的社群網站貼入即可。

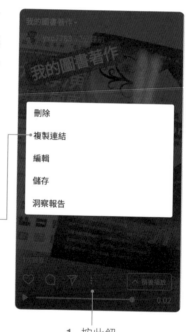

2. 選擇「複製連結」指令，
　 即可複製到剪貼簿中

1. 按此鈕

要規劃直播或 IGTV 行銷，各位一定得先了解你的粉絲特性、事先規劃好主題、內容和直播時間，而且必須讓粉絲不斷保持著「what is next？」的好奇感，讓他們去期待後續的結果，才有機會抓住最多粉絲的眼球，進而達到翻轉行銷的能力。

CHAPTER

主題標籤與限時動態
強效聚粉錦囊

\# 標籤的鑽石行銷高級課程

\# 限時動態私房工作術

|| ▶| ◀) 0:20 / 3:00

⚙ ▣ ▢ []

 5 👎 0 ➤ 分享 ☰+ 儲存 ⋮

有經驗的小編都知道要做好 IG 行銷，優化標題跟描述內容是絕對不可少，但更重要的是要加入至少一個主題標籤（hashtag），因為用戶者除了觀看追蹤名人和親朋好友外，他們還會主動去搜尋他們有興趣的標籤。標籤（Hashtag）是目前社群網路上相當流行的行銷工具，IG 的標籤和臉書相當不一樣，不但已經成為品牌行銷重要一環，可以利用時下熱門的關鍵字，並以 Hashtag 方式提高曝光率與觸及率。透過標籤功能，所有用戶都可以搜尋到你的貼文，你也可以透過主題標籤找尋感興趣的內容。目前許多企業也逐漸認知到標籤的重要性，紛紛運用標籤來進行宣傳，使 Hashtag 成為行社群行銷的新寵兒。

◉ Instagram、Facebook 都有提供 hashtag 功能

對品牌行銷而言，「限時動態」已經悄悄成為與消費者溝通重要的管道，有點類似 Snapchat 的功能，讓你分享照片或影片，平時瑣事即時分享，限時動態功能會將所設定的貼文內容於 24 小時之後自動消失。此功能相當受到年輕世代的喜愛，它能讓用戶以動態方式來分享創意影像，正因為是 24 小時閱後即焚的動態模式會讓用戶更想觀看，對店家而言，是一個值得認真

經營的位置，很多品牌都會利用限時動態發布許多趣味且話題性十足的內容，給予限時限量優惠折扣，來創造話題或新商機，相較於永久呈現在動態時報的洗版照片或影片，年輕人應該更喜歡分享稍縱即逝的動態。

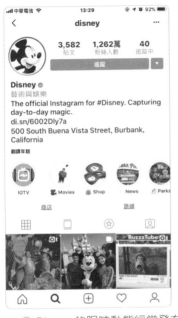

◎ Disney 的限時動態經常發布許多演員參加首映時最新花絮

▶ 標籤的鑽石行銷高級課程

隨著 Instagram 不斷擴大影響每一個人的社群行為，主題標籤是全世界 Instagram 用戶的共通語言，他們習慣透過 hashtag 標籤尋找想看的內容，一個響亮有趣的 slogan 很適合運用在 IG 的主題標籤上，主題標籤不但可以讓自己的商品做分類，同時又可以滿足用戶的搜尋習慣，只需要勾起消費者點擊的好奇心，在搜尋時就能看到更多相關圖片，透過貼文搜尋及串連功能，就能迅速與全世界各地網友交流，進而增進對品牌的好感度。

◎ 貼文中加入與商品有關的主題標籤，可增加被搜尋的機會

當我們要開始設定主題標籤時，通常是先輸入「#」號，再加入你要標籤的關鍵字，要注意的是，關鍵字之間不能有空格或是特殊字元，否則會被分隔。如果有兩個以上的標籤，就先空一格後再標記第二個標籤。如下所示：

#油漆式速記法 #單字速記 #學測指考

貼文中所加入的標籤，當然要和行銷的商品或地域有關，除了中文字讓中國人都查看得到，也可以加入英文、日文等翻譯文字，這樣其他國家的用戶也有機會查看得到你的貼文或相片，不過 Instagram 貼文標籤也有數量的限定，貼文中最好不要多餘 3-5 個標籤，因為過多標籤可能會影響到用戶觀看圖片內文的效果，超過限額的話將無法發佈貼文，加入後定期也要追蹤試這些主題標籤放在貼文的效果，再透過成效來做進行主題標籤的調整。

相片 / 影片加入標籤

主題標籤之所以重要，是在於它可以帶來更多陌生的潛在受眾，如果希望店家的 IG 能被更多人看見，善用 hashtags 絕對是頭號課題！很多人知道要在貼文中加入主題標籤，卻不知道將主題標籤也可應用到相片或影片上，不但與內容中的圖片相互呼應，還能鎖定想觸及的產業與目標閱聽眾。當相片 / 影片上加入主題標籤，觀看者按點該主題標籤時，它會出現如左下圖的「查看主題標籤」，點選之後，IG 就會直接到搜尋頁面，並顯示出相關的貼文。

2. 按點「查看主題標籤」會顯示如圖的所有相關貼文

1. 選「# 好友分享日」會出現上方的「查看主題標籤」

除了必用的「# 主題標籤」外，商家也可以在相片上做地理位置標註、標註自己的用戶名稱，甚至加入同行者的名稱標註，增加更多的曝光的機會讓你的粉絲變多多。

提及其他用戶名稱

加入地點標註

🎥 創造專屬的主題標籤

IG 中有無數種標籤可以任你使用；不同屬性的品牌帳號適合的主題標籤也不盡相同，不過最重要的是哪種標籤適合品牌的目標受眾，因此最好必須先行了解當前的流行趨勢。針對行銷的內容，企業也可以創造專屬的主題標籤。例如星巴克在行銷界算是十分出名的，雖然 Starbucks 已是世界知名的連鎖企業，但在大眾的心裡都維持優良的形象，每當星巴克推出季節性的新飲品時，除了試喝活動外，也會推出馬克杯和保溫杯等新商品，所以世界各地都有它的粉絲蒐集星巴克的各款商品。

星巴克在 IG 經營和行銷方面算是十分的優越，消費者只要將新飲品上傳到 IG，並在內文中加入指定的主題標籤，就有機會抽禮物卡，所以每次舉辦活動時，IG 上就有上千張的相片是由消費者上傳上去的，這些相片自然而然成為星巴克的最佳廣告，像是「＃星巴克買一送一」或「＃星巴克櫻花杯」等活動主題標語便是最好的行銷。

⏻ 搜尋該主題可以看到數千則的貼文，貼文數量越多就表
示使用這個字詞的人數越多

這樣的行銷手法，粉絲們不但會主動上傳星巴克飲品的相片，粉絲們的追蹤者也會看到星巴克的相關資訊，宣傳效果如樹狀般的擴散，一傳十、十傳百，傳播速度快而顯著，又不需要耗費太多的廣告成本，即可得到消費者廣大的回響。而下圖所示則為星巴克近期推出的「星想餐」，不但在限時動態的圖片中直接加入「星想餐」的主題標籤，也在貼文中加入這個專屬的主題標籤。

限時動態中加入星巴克專屬的主題標籤 - 星想餐

貼文之中也加入星巴克專屬的主題標籤

蹭熱點標籤的妙用

IG 的標籤是增加互動率的絕佳功能，在運用主題標籤時，除了要和自家行銷的商品有關外，各位也可以上網查詢一下熱門標籤的排行榜，了解多數粉絲關注的焦點，再依照自家商品特點蹭入適合的標籤或主題關鍵字，這樣就有更多的機會被其他人關注到。千萬不要隨便濫用標籤，例如加入「# 吃貨」這個主題標籤的貼文就多達 694K，這麼多的貼文當中，你的貼文要被看到的機會實在不容易；或是放入與你的產品完全不相干的主題標籤，除了在所有貼文中顯得突兀外，也會讓其他用戶產生反感。

◎ 主題標籤的設定大有學問，多多研究他人 tag 的標籤，可以給你很多的靈感

經營 IG 的一個大重點是你必須讓貼文內容被越多人看到越好，例如貼文有提到其他品牌或是某知名網紅，建議可以在貼文中標籤他們，快速增加店家粉絲量，對大品牌或網紅而言，也喜歡用戶可以標籤他們，也能帶來導流的效果。善用標籤幫助「自然觸及」增長，用意不是為了觸及更多的觀眾，而是為了觸及目標觀眾，這種方法不需要廣告費用便有大量可能觸及用戶。基本上，標籤數越多接觸點就會更多。雖然每篇 Instagram 貼文的標籤上限為 30 個，還是要謹慎地使用合適的主題標籤。剛開始使用 IG 時，如果不太曉得該如何設定自己的主題標籤，那麼先多多研究同類型的對手使用那些標籤，再慢慢找出屬於自己的主題標籤。

不可不知的精選標籤

有一些標籤確實可以用來讓你的品牌與眾不同，在 IG 的貼文中，有些標籤代表著特別的含意，簡單但能引發共鳴的一句話，運用在標籤上往往會有

意想不到的串連效果。有吸睛亮點的 Hashtags 可以讓 PO 文被找到的機率更高，搞懂標籤的含意就可以更深入 Instagram 社群。由於主題標籤的文字之間不能有空格或是特殊字元，否則會被分隔，所以很多與日常生活有關的標籤字，大都是詞句的縮寫。還包括有用戶之間期望相互支持按讚，增加曝光機會的標籤，各位可以了解一下但不要過度濫用，例如：#followme 的標籤就因為有被檢舉未符合 Instagram 社群守則，所以 #followme 的最新貼文都已被 IG 隱藏。

- **#likeforlike 或是 #like4like**：表示「幫我按讚，我也會按你讚」，透過相互支持，推高彼此的曝光率。

- **#tflers**：表示「幫我按讚（Tag For Likers）」。

- **#followforfollow 或 f4f**：表示「互讚互粉」。

- **#bff**：Best Friend Forever，表示「一輩子的好朋友」，上傳好友相片時可以加入此標籤。

- **#Photooftheday**：表示「分享當日拍攝的照片」或是「用手機記錄生活」。

- **#Selfie**：Self-Portrait Photograph，表示「自拍」。

- **#Shoefie**：將 Shoe 和 Selfie 兩個合併成新標籤，表示「將當天所穿著的美美鞋子自拍下來」。

- **#OutfitLayout**：OutfitLayout 是將整套衣服平放著拍照，而非穿在身上。不喜歡自己真實面貌曝光的用戶多會採用此方式拍照服裝。

- **#Twinsie**：表示像雙胞胎一樣，同款或同系列的穿搭。

- **#ootd**：Outfit of the Day，表示當天所穿著的紀錄，用以分享美美的穿搭。

- **#Ootn**：outfit of the Night，表示當晚外出所穿著的紀錄。

- **#FromWhereIStand**：From Where I Stand，表示從自己所站的位置，然後從上往下拍照。可拍攝當日的衣著服飾，使上身衣服、下身裙／褲、手提包、鞋子等都入鏡。也可以從上往下拍攝手拿飲料、美食的畫面。

- **#TBT**：Throwback Thursday，表示在星期四放上數十年前或小時候的的舊照。

- **#WCW**：Woman Crush Wednesday，表示「在星期三上傳自己心儀女生或女星的相片欣賞」。

- **#yolo**：You Only Live Once，表示「人生只有一次」，代表做了瘋狂的事或難忘的事。

各位也可以上網查詢一下熱門標籤的排行榜，同時了解多數粉絲關注的焦點，再依照自家商品特點加入適合的標籤或主題關鍵字，這樣就有更多的機會被其他人關注到。目前 Android 手機或 iPhone 手機都有類似的 Hashtag 管理 App，各位不妨自行搜尋並試用看看，把常用的標籤用語直接複製到自己的貼文中，就不用手動輸入一大串的標籤。

Play 商店中有各種 Hashtag 管理的 App 可以試用

🎥 運用主題標籤辦活動

時至今日，主題標籤已經成為 Instagram 貼文中理所當然的行銷風景之一，店家想要做好 IG 行銷的話，肯定必須重視主題標籤的重要性。例如當品牌舉辦活動時，商家可以針對特定主題設計一個別出心裁而具特色的標籤，一個響亮有趣的 slogan 就很適合運用在 IG 的標籤行銷！只要消費者標註標籤，就提供折價券或進行抽獎。這對商家來說，成本低而且效果佳，對消費者來說可得到折價券或贈品，這種雙贏的策略應該多多運用。如下所示是「森林小熊曲奇餅」的抽獎活動與抽獎辦法，參與抽獎活動的就有1800 多筆。

活動辦法中也要求參加者標註自己的親朋好友，這樣還可將商品延伸到其他的潛在客戶。不過在活動結束後，記得將抽獎結果公布在社群上以昭公信。企業如果舉辦行銷活動並制定專屬 Hashtag，就要盡量讓 Hashtag 和這次活動緊密相關，並且用簡單字詞、片語來描述，透過 Hashtag 標記的主題，馬上可以匯聚了大量瀏覽人潮，不過最有效的主題標籤是一到二個，數量過多會降低貼文的吸引力。

主題標籤（#）搜尋

透過標籤功能也可以用來搜尋主題，不過利用主題標籤搜尋時，一次只能使用一個標籤，所有用戶都可以輕鬆搜尋到你的貼文。例如輸入「#劉德華」，那麼所有貼文中有「劉德華」文字的相片或影片都會被搜尋到：

主題標籤 (#) 搜尋

知己知彼，百戰百勝！研究和剖析相同領域的產品，才能接觸更多潛在的消費群，達到行銷效果。所以經營 Instagram 之前，先對相同領域的主題與標籤進行瀏覽與研究，可以清楚知道對手的行銷手法與表現方式，好的表現方式可以記錄下來，當作自己行銷的參考，不好的行銷方式也可以做為自己的借鏡，讓自己不再犯錯。另外，留意目標使用者經常搜索的熱門關鍵字，適時將這些與你商品有關的關鍵字加入至貼文中，像是地域性的關鍵字、與情感有關的關鍵字等加入至貼中，也能增加不少被瀏覽的機會。

由此搜尋與商品有關的主題標籤

留意相關主題標籤的運用包括地域性或與情感有關的標籤

▶ 限時動態私房工作術

IG 行銷的一大重點，除了靜態的照片分享，Instagram 也提供了「限時動態」的模式，限時動態突破一般貼文形式，能夠有效的抓住現有粉絲的注意力，讓用戶用短片、動態圖片與粉絲做更深層的互動，利用直式滿版的特色發揮創意並帶給用戶美好的體驗。隨著現代人眼球關注力逐年下降，

限時動態的 15 秒短影片成為一個極大的吸引優勢，透過一來一往的回覆與分享，更能觸及到原本不認識的消費者。在限時動態上，24 小時最多可以發布 100 則，使用者有很大的創作空間可以自行設計，相較於永久呈現在動態時報的照片或影片，年輕人應該更喜歡分享稍縱即逝的動態。

◉ Disney 的限時動態相當多樣化

對品牌行銷而言，如果要吸引主動客群，務必使用限時動態，並且每一天都應該要發布，讓用戶產生黏著度，限時動態不但已經成為品牌溝通的重要管道，正因為限時動態是 24 小時閱後即焚的動態模式，會讓用戶更想常去觀看「即刻分享當下生活與品牌花絮片段」與掌握「不趕快看就沒有了」的用戶心理的限時內容，最好的限時動態就是一個「故事」，有開頭、有中間、有結尾，例如運用濾鏡的創意傳播，更能觸及到陌生的使用者，讓你的粉絲數持續上升。

別忘了每天製造點小故事或亮點，飢餓行銷（Hunger Marketing）反而會讓用戶更關注限時動態，善用限時動態分享自家商品，並打造出「限時限量」的商品特色，不自覺中在粉絲心中留下深刻的印象！

TIPS 「稀少訴求」（scarcity appeal）在行銷中是經常被使用的技巧，飢餓行銷（Hunger Marketing）是以「賣完為止、僅限預購」這樣的稀少訴求來創造行銷話題，製造產品一上市就買不到的現象，利用顧客期待的心理進行商品供需控制的手段，讓消費者覺得數量有限而不買可惜。

各位想要發佈自己的「限時動態」，請在首頁上方找到個人的圓形大頭貼，按下「你的限時動態」鈕或是按下「相機」 ⬜ 鈕就能進入相機狀態，選擇照相或是直接找尋相片來進行分享。

按此鈕進行拍照

尚未做過限時動態的發表可按此大頭貼，有發佈過限時動態，則可以按此鈕觀看已發佈的限時動態

進入相機狀態後，想要有趣又有創意的特效可按下 😀 鈕，再根據它的提示進行互動，按下白色的圓形按鈕即可進行拍攝，拍攝完成後，按下「限時動態」就會發布出去，或是按下「摯友」傳送給好朋友分享。

3. 按此鈕進行影片拍攝

1. 按此鈕有各種人臉辨識互動的玩法

2. 選取要套用的效果

4. 選擇分享的方式

📹 立馬享受限時動態

限時動態最有趣的地方，是讓你可以在靜態的圖片上添加很多創意，目前提供文字、直播、一般、迴力鏢（Boomerang）、超級聚焦、倒轉、一按即錄等功能，當你將限時動態的內容編輯完成後，按下頁面左下角的「限時動態」

鈕，就會將畫面顯示在首頁的限時動態欄位。這些限時動態的相片／影片，會在 24 小時候從你的個人檔案中消失，不過你也能在 24 小時內儲存你所上傳的所有限時動態喔！

編輯完成的畫面，按下「限時動態」鈕就可傳送出去

隨時放送的「限時動態」最大好處就是讓用戶看見與自己最相關的內容，用戶隨時可以發表貼文、圖片、影片或開啟直播視訊，讓所有的追蹤者得知你的訊息或是想傳達的行銷理念。

限時動態可以透過一連串的相片／影片串接而成呦

這裡可以看到帳號與倒數的時間

這裡可以直接傳送訊息

店家面對 IG 的高曝光機會，更該善用「限時動態」的功能，為品牌或商品增加宣傳的機會，擬定最佳的行銷方式，在短暫幾秒中內迅速抓住追蹤者的目光。由於拍攝的相片／影片都是可以運用的素材，加上 IG 允許用戶在限時動態中加入文字或塗鴉線條，也有提供插圖功能，或者可加入主題

標籤、提及用戶名稱、地點、票選活動…等各種物件，甚至還提供導購機制，讓使用者「往上滑」來「了解更多」或「去逛逛」品牌官網，讓商家充分運用各種創意手法來進行商品的行銷，整合以上元素，粉絲對於品牌的忠誠度和相關資訊的參與度自然也會有更多認同感。

如下所示，便是各位經常在限時動態中常看到的效果，接下來就是要來和各位探討如何運用限時動態來創造商機，讓你掌握行銷先機，搶先跟上時尚潮流。

使用編排的畫面也沒問題　　相片加入文字説明與塗鴉線條

企業商家可加入導購機制　　　　　　　　影片中提及商家的資訊

至於已傳送出去的「限時動態」，各位可以在「首頁」的個人大頭貼裡進行觀看，當出現限時動態畫面時，按下右下角的「更多」鈕將會出現如圖的功能選單，由此就可以針對目前的限時動態進行「儲存相片」或「刪除」的動作。

限時訊息悄悄傳

Instagram 除了「限時動態」功能廣受大家青睞外，還有一項「Direct」限時訊息悄悄傳的功能，也十分受到大家的矚目。各位可以悄悄和特定朋友分享限時中的相片／影片，當朋友悄悄傳送相片或影片給你，就能在「悄悄傳」部分查看內容或回覆對方，不過悄悄傳每次傳送的內容最多只可以觀看 2 次，且超過 24 小時後即自動刪除、無法再被觀看，也無法儲存照片。由於很多人習慣在任何時間與他人分享照片或影片，但同時又希望保有隱私性，「悄悄傳」功能既可滿足用戶的需求，也帶來更有趣且具創意的體驗。

如果想要使用「Direct」功能，請由「首頁」 🏠 的右上角按下 ✈ 鈕，進入「Direct」頁面後找到想要傳送的對象，按下後方的相機 📷 就能啟動拍照的功能，或是切換到「文字」進行訊息的輸入。

1. 按此鈕啟動限
時悄悄傳功能

2. 找到要傳送訊息的對象
後，在後方按下相機鈕

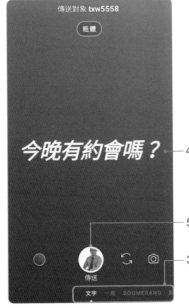

4. 在此輸入要傳送的訊息

5. 輸入完成按此圓鈕進行傳送

3. 由此切換到文字訊息或是拍照功能（此處以文
字功能做說明）

「限時訊息悄悄傳」的功能僅能傳送給部分朋友，而非直接發表在限時動態當中讓所有朋友觀看。當對方收到訊息後可以直接進行回覆並回傳訊息給傳送者。

訊息悄悄傳後，可直接點選用戶名稱查看傳送的內容，也可以按點此處進行聊天

插入動態插圖

限時動態其實像是一種介於圖片跟影片之間的內容表現形式，在限時動態的表現上，原本普通的推播廣告也可以做得讓人驚艷，例如可以由一連串的相片 / 影片所組成，利用「插圖」 鈕可在相片 / 影片中添加各種插圖，不管是靜態或動態的插圖都沒問題，只要按下「GIF」鈕可到 GIPHY 進行動態貼圖的搜尋，成千上萬的動態貼圖任君挑選使用，不用為了製作素材而大傷腦筋。

按此鈕進行動態貼圖的搜尋

至於「插圖」 功能除了精緻小巧的貼圖可添加限時動態的趣味性外，運用「主題標籤」和「@ 提及」功能，都能讓觀賞者看到商家的主題名稱與用戶資訊，也能讓整個畫面看起來更有層次感，增添畫面的樂趣，貼文更生動。

⚓ 插入動態貼圖讓拍攝的影片增添層次感和豐富度

📹 票選活動或問題搶答

「插圖」👁 功能裡所提供的「票選活動」，店家不妨多多運用在商品的市調上，簡單的提問與兩個選項的答覆，讓商家可以和追蹤者進行互動，同時了解客戶對商品的喜好，當然就如同交朋友一樣，從共同話題開始會是萬無一失的方法，這樣同時可以收集規劃未來數位行銷活動的寶貴數據。

「票選活動」可以讓商家進行「提問」與「答案」的設定

有參加投票的用戶，在投票結束後可以看到整體投票的比例和結果，而發表者可以看到那些帳號投票的細節。這樣的投票機制，不但可以創造高度的互動性，刺激消費者挑戰慾，成功引導認識產品，輕鬆有趣之中也能提升品牌的知名度。

◎ 限時動態中，「票選活動」的實際應用

另外，「問題」功能也是與粉絲互動的管道之一，只要輸入疑問句，下方就可以讓瀏覽者自行回覆內容，設定問題時還可以自訂色彩，以配合整體畫面的效果。

用此圓形色盤可以自訂標籤的底色

限時動態中，「問題」的實際應用

📹 商家資訊與購物商城

在限時動態中，商家可以輕鬆將商家資訊加入，運用「@ 提及」讓瀏覽者可以輕鬆連結至該用戶。加入主題標籤可進行主題標籤的推廣，另外 IG 也開放廣告用戶在限時動態中嵌入網站連結的功能，讓追蹤者在查看你的限時動態的同時，可以輕按頁面下方的「查看更多」鈕，就能進入自訂的網站當中，自然引導用戶滑入連結而不自知，而導入的連結網站可以是購物網站或產品購買連結，以提升該網站的流量，增加商品被購買的機會。不過此功能只開放給企業帳號，並且需要擁有 10000 名以上的粉絲人數，個人帳號還不能使用喔！

加入主題標籤

提及用戶

導入外部連結，讓用戶直接前往購物商城消費

創意就是要打破已建立的框架，並用一個全新的角度去看產品，接著運用創意並適時導入商家資訊，讓企業品牌或活動主題增加曝光機會，以限時動態來推廣限時促銷的活動，除了帶動買氣外，「好康」機會不常有，反而會讓追蹤者更不會放過每次商家所推出的限時動態。

📹 相片 / 影片的吸睛巧思

使用「限時動態」的功能進行宣傳時，也可以一次放多張照片發文，除了透過 IG 相機裡所提供的各項功能可進行多層次的畫面編排外，也可以將拍攝好的相片 / 影片先利用「儲存在圖庫」 ⬇ 鈕儲存在圖庫中，以方便後製的處理編排，或者透過其他軟體編排組合後再上傳到 IG 上來發布，雖然步驟比較繁複，但是畫面可以更隨心所欲的安排，透過無限的創意發想，把想要傳達訊息淋漓盡致地呈現出來。

📹 新增精選動態

長期經營限動的品牌，每日更新的限時動態眾多，如果不想失去這些瞬間畫面，建議店家可以將先前分享的限時動態整理為精選動態，而這些精選回顧還能依照主題分門別類，並放在個人檔案上。小編們想要精選限時動態的方式有兩種，一個是當你發佈限時動態後，從瀏覽畫面的右下角按下「精選」鈕，接著會出現「新的精選動態」，請輸入標題文字後按下「新增」鈕，就會將它保留在你個人商業檔案上，除非你進行刪除的動作。

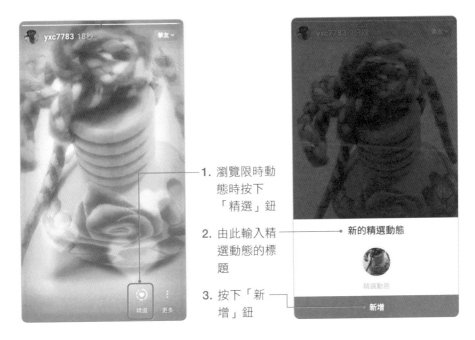

1. 瀏覽限時動態時按下「精選」鈕

2. 由此輸入精選動態的標題

3. 按下「新增」鈕

精選動態會在商業檔案上以圓圈顯示，用戶點按後便會以獨立的限時動態形式播放。另外，你也可以在「個人」頁面按下「新增」鈕，如左下圖所示，接著點選你要的限時動態畫面，按「下一步」鈕再輸入限時動態的標題，按下「完成」鈕就可以完成精選的動作，而所有精選的限時動態就會列於你個人資料的下方。

3. 按「下一步」鈕再輸入標題

1. 按此鈕也可以新增精選限時動態

精選的限時動態保留在此

2. 選定精選的項目

製作精選動態封面

精選限時動態顯示在個人資訊下方，當其他用戶透過搜尋或連結方式來到你的頁面時，訪客可以透過這些精選的內容來快速了解。許多店家或網紅喜歡在「精選動態」上弄點小巧思，就會特別分配設計封面，各位不妨做出獨一無二的精選動態的封面圖示，讓封面呈現統一而專業的風格。如下二圖所示，左側以漸層底搭配白色文字呈現，而右側以白色底搭配簡單圖示呈現，看起來簡潔而清爽，你也可以特別設計不同的效果來展現你的精選動態。

◎ 精選動態的封面圖示，顯示統一的風格

各位想要變更精選動態封面並不困難，但必須預先設計好圖案，然後將圖片上傳到手機存放相片的地方備用。如果你習慣使用手機，也可以直接從手機搜尋喜歡的背景材質，同時按手機的「電源」鍵和「HOME」鍵將材質擷取下來後，再從 IG 圖庫中叫出來加入文字和圖案，最後儲存在圖庫中就搞定了。

備妥圖案後，接下來你可以從 IG 的個人頁面上長按要更換的精選動態封面上，或是在觀看精選動態時按點右下角的「更多」鈕，就可以在顯示的視窗中點選「編輯精選動態」指令，如下二圖所示：

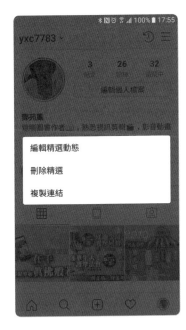

點選「編輯精選動態」指令後，接著按下圓形圖示編輯封面，按下左下圖中的圖片 🖼 鈕，從圖庫中找到要替換的相片，調整好位置最後按下「完成」鈕即可完成變更動作。

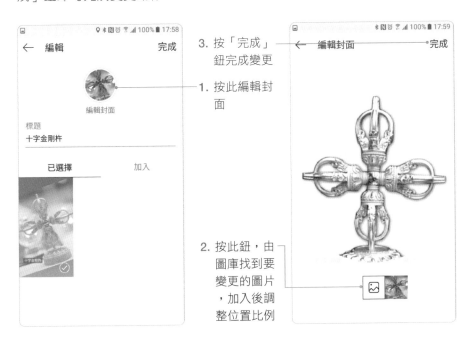

3. 按「完成」鈕完成變更

1. 按此編輯封面

2. 按此鈕，由圖庫找到要變更的圖片，加入後調整位置比例

新增貼文到限時動態

許多人都習慣用 IG 限時動態分享生活，經常玩 IG 的人可能看過如下的限時動態畫面，只要點選畫面，就會自動出現「查看貼文」的標籤，觀賞者按下「查看貼圖」鈕就可前往該貼文處進行瀏覽。透過這樣的表現方式，就可以讓用戶將受到大眾喜歡的貼文再度曝光一次。

提示觀賞者可以點選圖片

按點圖片會出現「查看貼文」標籤，點選標籤自動連接至該貼文

想要做出這樣的效果並不困難，請在「個人」頁面中切換到「格狀排序」，並找到想要使用的貼文。

2. 點選「格狀排序」

3. 按點要再發佈的貼文

1. 點選「個人」頁面

當各位按點要發佈到限時動態的貼文時，IG 會出現如左下圖的畫面，此時按下「分享」▽ 鈕會顯示左下圖的畫面，接著請選擇「將貼文新增到你的限時動態」指令。

這時點選畫面可決定讓你的用戶名稱顯示在畫面的上方或下方，你也可以調整畫面的比例大小或加入其他的插圖、文字或塗鴉線條，最後按下左下角的「限時動態」鈕就完成設定動作。

也可以讓用戶名稱顯示於上方　　　　可再加入其他物件

點選畫面可將用戶
名稱顯示於下方

可調整畫面比例大小

設定完成，檢視你的限時動態，只要點選畫面就能出現「查看貼文」的標籤囉！

典藏限時動態

Instagram 的「限時動態」功能，因為可以在發文的同時，直接在相片上做塗鴉或輸入文字，但是貼文卻是在限定的 24 小時內就會自動刪除。因此 Instagram 又推出了限時動態典藏的功能，限時動態將自動儲存至「典藏」頁籤，讓用戶可以從典藏中查看限時動態消失的內容，方便各位之後隨時回顧美好限時動態的精彩瞬間。要將限時動態典藏起來，請在「個人」頁面右上角按下「選項」鈕 ☰ 鈕，點選「設定」後，在「設定」畫面中選擇「隱藏設定和帳號安全」，接著選擇「限時動態控制項」，在如右下畫面中確認「儲存到典藏」的功能有被開啟，這樣就可以搞定。

另外提及的是,在「限時動態控制項」的頁面中,如果有開啟「允許分享」的功能,可以讓其他用戶以訊息方式分享你限時動態中的相片或影片。若有開啟「將限時動態分享到 Facebook」的選項,那麼會自動將限時動態中的相片和影片發佈到臉書的限時動態中。要注意的是,連結到臉書後,你按別人相片的愛心也會被臉書上的朋友看到,如果不是以商品行銷為目的,那麼建議「將限時動態分享到 Facebook」的選項關掉。

確認「儲存到典藏」的功能被開啟後,下回你想查看自己典藏的限時動態,可在個人頁面右上方按下 ↻ 鈕,就可以進入到限時動態典藏的頁面。

1. 按此鈕

2. 由此切換至「限時動態典藏」

3. 顯示已典藏的限時動態內容

Instagram 的「典藏」功能除了典藏限時動態外，也可以典藏貼文。此功能也能夠將一些不想顯示在個人檔案上的貼文保存下來不讓他人看到。要典藏貼文，請在相片右上角按下「選項」鈕 ⋮ 鈕，當出現如左下圖的視窗時點選「典藏」指令就可以辦到。當你將貼文典藏之後，若要查看典藏的貼文，一樣是在個人頁面按下 ↺ 鈕進入典藏頁面，下拉就可以進行限時動態典藏或貼文典藏的切換，如右下圖所示。

CHAPTER

YouTube 樂活影音入門集客心法

\# 初探 YouTube 影音王國

\# Pro 級影片歡樂享用

\# 建立我的頻道

0:20 / 3:00

 5　　0　　分享　　儲存

在這個講究視覺體驗的年代，影音行銷是近十年來才開始成為網路消費導流的重要方式，隨著 YouTube、Facebook、Instagram、優酷網等影音社群網站的興盛，任何視訊影片皆可上傳至社群上與他人分享，只要影片夠吸引人，就能在短時間內衝出超高的點閱率，進而造成轟動與話題，在時間允許下，更能給消費者帶來最好的觀看體驗。

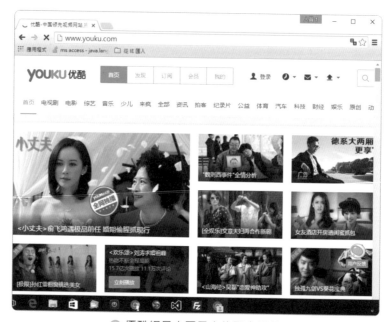

◎ 優酷網是中國最大的影音網站

消費者漸漸也習慣喜歡在 YouTube 上尋求商業建議，例如你有可能會在 YouTube 上面搜尋相關產品的開箱影片，如果滿意的話，就會立即掏腰包購買，甚至於「現在很多好的廣告影片，比著名電影還好看！」好的廣告就如同演講家，說到心坎深處，自然也能引人入勝。每個行銷人都知道影音行銷的重要性，比起文字與圖片，透過影片的傳播，更能完整傳遞商品資訊，影片還能夠建立企業與消費者間的信任，影音的動態視覺傳達可以在第一秒抓住眼球。

▶ 初探 YouTube 影音王國

根據 Yohoo! 的最新調查顯示，平均每月有 84% 的網友瀏覽線上影音、70% 的網友表示期待看到專業製作的線上影音。在 YouTube 上有超過 13.2 億的使用者，每天的影片瀏覽量高達 49.5 億，使用者可透過網站、行動裝置、網誌、臉書和電子郵件來觀看分享各種五花八門的影片，全球使用者每日觀看影片總時數超過上億小時，更可以讓使用者上傳、觀看及分享影片。在這波行動裝置熱潮所推波助瀾的影音行銷需求，目前全球幾乎有一半以上 YouTube 使用者是在行動裝置上觀賞影片，已經成為現代人生活中不可或缺的重心。

YouTube 廣告效益相當驚人！紅色區塊都是可用的廣告區

YouTube 是分享影音的最大平台，也是品牌進行溝通的重要管道，任何人只要擁有 Google 帳戶，都可以在此網站上傳與分享個人錄製的影音內容，各位可曾想過 YouTube 也可以是店家影音行銷的利器嗎？當企業想要在網路上銷售產品時，還不如讓影片以三百六十度方式來呈現產品規格，從去年的微電影到今年的病毒影片，YouTube 商業模式已經明顯進入了網路行銷市場卡位戰。

在影音時代中，如果你還不開始執行與操作 YouTube 行銷，你將會流失許多潛在客戶，YouTube 當然可以作為企業或店家傳播品牌訊息的通道，因為決定消費者是否購買不單是取決於理性選擇，還取決於心理與情感因素，透過用戶數據分析，顯示客製化的推薦影片，使用戶能夠花更多時間停留在 YouTube，順便提供消費者實用的資訊，更可以拿來投放廣告，因此許多企業開始使用 YouTube 影片放送付費廣告活動，這樣不但能更有效鎖定目標對象，還可以快速找到有興趣的潛在消費者。

▶ Pro 級影片歡樂享用

YouTube 這樣的網上影片分享平台，也是全球最大的線上視頻服務提供商，使用者可透過網站、行動裝置、網誌、臉書和電子郵件來觀看分享各種五花八門的影片。想要進入 YouTube 網站，除了輸入它的網址外（https://www.youtube.com/），也可以從 ::: 鈕下拉，就能進入個人的 YouTube。

🎥 影片搜尋

YouTube 吸引了一群伴隨網路成長的世代，只要能夠上網，每個人都可以尋找有關他們嗜好和感興趣的影片。在 YouTube 上要搜尋一段影片是相當

簡單，只要輸入所要查詢的關鍵字，查詢結果會跑出完全符合或部分符合
關鍵字的影片，如下圖所示：

在此輸入要搜尋的關鍵字，就會跑出一
堆完全符合或部分符合關鍵字的影片！

如果各位想要更精確的搜尋結果，建議先輸入「allintitle:」，後面再接關鍵
字，就會讓搜尋結果更符合你所搜尋的結果。

全螢幕 / 戲劇模式觀賞

當各位找到有興趣的影片並進行瀏覽時，由於預設值的畫面周圍還有其他的資訊會影響觀看的效果，各位不妨選擇「戲劇模式」或「全螢幕模式」鈕來取得較佳的觀賞模式。

戲劇模式　　　全螢幕模式

訂閱影音頻道

對於某一類型的影片或是針對某一特定人物所發佈的影片有興趣，你也可以進行「訂閱」的動作，這樣每次有新影片發佈時，你就可以馬上觀看而不會錯過。

1. 找到有興趣的影片　　2. 按此鈕進行訂閱

影片稍後觀看

有些影片看到正精彩的地方，卻臨時有事情要先處理，不得不關閉影片。
那麼你可以從「儲存」的功能中選擇「稍後觀看」的選項，這樣等有空的
時候再來欣賞。

2. 由清單中選擇「稍後觀看」　　1. 按下「儲存」鈕

設定完成後，下回開啟 YouTube 網站，由左上角的 ☰ 鈕下拉，選擇「稍後觀看」的選項，就會看到先前所加入的影片。

1. 按此鈕

2. 選擇「稍後觀看」的指令　　　　**3.** 這裡顯示先前位觀看完的影片

自動加中文字幕

觀看外國影片時，特別是非英語系的國家，可能完全都聽不懂內容在講什麼。事實上 YouTube 有提供方便的翻譯功能，能把字幕變成你所熟悉的語言 - 繁體中文。

1. 先按此鈕，使顯現預設的字幕　　　　**2.** 按下「設定」鈕，下拉選擇「字幕」，再選擇「自動翻譯」指令

1. 再點選「中文（繁體）」的選項

2. 字幕已變更為中文囉！

📹 YouTube 影片下載

YouTube 內的影片資源相當多，當中不乏許多相當優質的影音作品，不過所有影片都必須上網連線才能觀看。對於長期使用 YouTube 影音服務的使用者來說，當看到喜愛的影片時，在不侵犯他人著作權的大前提下，可以利用像 Freemake Video Downloader、YouTube Downloader…等類的影片下載軟體來進行下載保存。如下圖所示，便是 Online Video Converter 的下載網址：https://www.onlinevideoconverter.com/youtube-converter

1. 將 YouTube 的視訊影片網址貼入

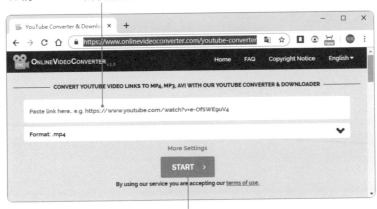

2. 按此鈕開始轉換

要將 YouTube 的視訊影片下載很簡單，請將影片網址貼入上方的網址列上，按下「START」鈕後接著會出現如下視窗，顯示你想下載的影片名稱、檔案量，按下「DOWNLOAD」鈕就會開始進行下載。

2. 顯示下載情況　　　　　　　　　　1. 按此鈕進行下載

下載後開啟所指定的資料夾，就可以看到所下載的影片。

建立我的頻道

在 YouTube 網站中，每個人都可以擁有專屬的個人頻道，只要你登入
Google 帳號後，Chrome 瀏覽器的右上角就會自動顯示個人的名字，按下
該鈕即可切換到置「我的頻道」。

2. 選擇「我的頻道」　　1. 按此圓鈕

3. 頻道中顯示你所上傳的所有影片

在「我的頻道」中，你可以看到之前你在 YouTube 網站上所上傳的影片，
也可以看到網友的觀看次數與評論，以作為影音創作的一個參考。

上傳自製影片

如果你會製作視訊影片，也可以將自製的影片上傳到 YouTube 網站上與他
人分享。上傳影片的方式如下：

按此鈕，下拉選擇「上傳影片」

按此鈕，找到要上傳的檔案使之開啟

1. 設定影片標題及說明文字

2. 加入標籤可增加被搜尋的機會

3. 影片上傳完畢，按下「發佈」鈕發佈影片

複製網址即可轉貼到各個社群網站

YouTube 工作室

在「我的頻道」中，各位會看到一個「YouTube 工作室（測試版）」的藍色按鈕，讓你隨時掌握 YouTube 的最新動態，YouTube 工作室可以形容是創作者的全新園地。無論是管理內容、推動頻道成長、賺取收益、上傳新影片或進行直播與觀眾交流互動，或甚至幫助影片創作者管理他們的影片及留言，全部都能在這個地方完成。按下該鈕可進一步了解你的頻道的狀況，如下所示：

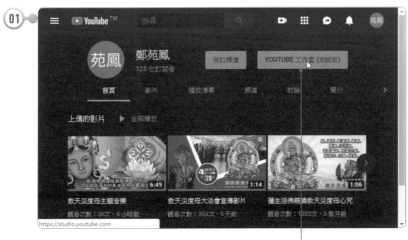

按此鈕

1. 切換到「影片」類別

2. 顯示所有上傳影片的相關資料　　　　按「選項」鈕所顯示的功能清單

所上傳的影片可設定為「公開」或「不公開」，上傳之後的影片如需變更標題
或說明，或是要進行下載、刪除，都可在影片後方按下「選項」⋮鈕進行選
擇。影片若設為「不公開」，那麼影片不會顯示在頻道頁面的「影片」標籤上，
也不會出現在搜尋結果中，除非你將這部影片新增至公開的播放清單中。「不公
開」的影片若要變更為「公開」，可從「瀏覽權限」的欄位進行變更即可。

由此可將影片切換為公開、私人、或不公開

📹 YouTube 影片管理

對於上傳到 YouTube 的影片，各位也可以加以管理，按下左上角 YouTube
標誌前方的 ☰ 鈕，下拉選擇「我的頻道」指令，即可看到影片管理者所上
傳的影片。

1. 按此鈕   2. 下拉選擇「我的頻道」指令

3. 剛剛上傳的影片在此   4. 按此連結即可播放該影片

影片如需變更公開／隱藏等類型，或者是想要做授權或刪除的動作，可在
影片下方按下「影片管理者」鈕，勾選要做變更的影片縮圖後，即可按下
「動作」鈕，再選擇要變更的動作。如圖所示：

在影片下方按下「影片管理者」鈕，使進入下圖視窗

1. 勾選要變更的影片

2. 按下「動作」鈕，即可顯示此功能選單

7
CHAPTER

微電影製作與
品牌行銷高手必讀

認識微電影　　　　　# 視訊影片編修

微電影製作的熱身課　# 片頭頁面設計

微電影製作私房秘技　# 旁白與配樂

我的第一支微電影　　# 輸出與上傳影片

▶❙　◀❙）　0:20 / 3:00　　　　　　　　　　　⚙　▣　□　［］

👍 5　　👎 0　　➡ 分享　　☰₊ 儲存　　⋮

隨著 YouTube 等影音社群效應發揮與智慧型手機普及後，「看影片」變得如同吃飯、喝水一般簡單自然，許多人利用零碎時間上網看影片，影音分享服務早已躍升為網友們最喜愛的熱門應用之一，在影音平台內容不斷推陳出新下，更創新出許多新興的服務模式。特別是在現代的日常生活中，人們的視線已經逐漸從電視螢幕轉移到智慧型手機上，伴隨著這一趨勢，影片所營造的臨場感及真實性確實更勝於文字與圖片，靜態廣告轉化為動態影音行銷已經成為勢不可擋的行銷趨勢，創新的 YouTube 影音廣告技術不斷在發展，店家也可以善用 YouTube 各項功能來建立你的品牌。

▶ 認識微電影

在這個所有人都缺乏耐心的時代，隨著行動裝置與上網的普及，許多人喜歡利用零碎時間上網看影片，這時誰會有興趣在手機上去看幾十分鐘以上的影片，影片必須把握在幾秒內就能保證吸人眼球。例如「微電影」（Micro Film）就是一種強調以小成本、幾天就能拍攝完成的短影片（60 ～ 120 秒為佳），就像是在述說一件事情或故事，利用社群媒體傳達其意念，加上透過社群大量分享，更可以融入商業與產品宣傳，引起消費者共鳴，讓行銷更加精采，帶動「微電影熱潮迅速延燒。許多消費者因此主動去搜索如百花齊放般影片，成功將具有療癒力量（healing power）的訊息從產品面提升至品牌面，讓廣告不再只是硬生生的宣傳模式。

◎ 新加坡旅遊局所拍的微電影廣告

📹 微電影行銷的感情梗

消費者總愛説：「有圖有真相。」，只要影片夠吸引人，「微電影」最大好處在於超低成本以及網友的轉寄效應，可能在舊短時間內衝出高點閱率，適合在短暫的休閒時刻或移動的情況下觀賞，尤其是近幾年智慧型手機與平板電腦的普及，微電影具備病毒式傳播特性，更強化了微電影行銷的蓬勃發展，進而提升自家產品或品牌的知名度。

不同於傳統電視廣告影片行銷的被動收看模式，YouTube 影片大多需要觀眾主動點選觀看。現在講行銷，不打出情感牌，大家會笑你不懂門道，一個可以打動使用者情感的廣告，他們便願意分享給朋友們知道，越來越多的品牌熱衷於「帶著感情講故事」，特別是當把影片以述説故事的手法來呈現時，相較於一般的企業宣傳片，微電影的劇情內容更容易讓人接受，能大幅提升自家產品或品牌的知名度，這時影片不再是產品用來説故事的機器，而是消費者參與其中自行創作故事的工具，消費者的參與使產品訊息更為真實可信，很自然地在消費者的心中淡化企業品牌或產品的商業色彩。

微電影相較於一般的企業宣傳片，內容更容易讓閱聽者接受，例如大眾銀行在 2010 年推出的微電影 - 母親的勇氣，描述一位完全不會英文的台灣鄉下母親，排除萬難獨自飛行三天，千里迢迢搭機到半個地球以外的委內瑞拉，只為了照顧坐月子的女兒，讓許多人看到熱淚盈眶，也成功打響了大眾銀行是關心市井小人物的品牌形象，這也是微電影行銷小兵立大功的最好實例。

◎「母親的勇氣」微電影廣告帶來超高的點擊率

▶ 微電影製作的熱身課

我們知道 YouTube 最初始的理念就是分享，相對於過去著重「分享」的本質，現在的微電影更像是用來「行銷」的工具，一般在 YouTube 上面較受歡迎的影片類型如電玩遊戲、搞笑耍廢、知識與旅遊、開箱影片、探險、烹飪和美容實境教學，本質上微電影就是一部另類呈現的廣告，娛樂仍是吸引觀眾的主要接受型式，除了視覺表現之外，愈是搞笑、趣味或感動人的情節，就愈容易吸引網友轉寄或分享，就等於掌握了網路上的基本「收視率」。

小編們想要利用微電影來達到訴求目的與宣傳效果，第一步當然必須了解製作影片的流程，這裡提供一些建議與做法供各位做參考。只有完整規劃內容，聚焦導引觀眾，同時注重整體氛圍的安排，才能在眾多的影片當中脫穎而出，又能讓觀看者運用零碎的時間來觀看。流程簡要說明如下：

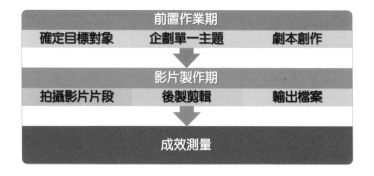

首先我們談到前置作業期，這段時期是影片實際開拍前的準備工作，這裡包含了以下三個重點過程。

🎥 確定目標對象

行銷高手都知道爆紅的不是影片本身，而是影片所觸發的感受與體驗。我們對影片的想法比影片本身製作重要，製作影片之前，首先要確定你的目標對象，不管是年輕人、上班族、兒童、老年人，每個年齡層都有不同的

喜好，當然傳達的方式也會迥然不同。例如對象是兒童，視覺表現就要活潑、快樂、可愛、俏皮，色彩表現也較為豐富鮮明。針對女性為對象，那麼甜美的、柔和的色調可能較為合適，柔性訴求較易被女性所接受。男性則以沉穩、氣派、成熟、穩重的視覺效果較為適宜。依照你的目標對象投放他們的喜好，這樣宣傳效果的成功機會比較高。

企劃主題方向

任何一部影片都有一個訴求或想傳達的理念，我們要思考「什麼樣的主題最適合自家品牌？」以及「要和觀眾表達什麼？」目前 YouTube 行銷影片內容與觀眾溝通的方式不外乎二種：一種是以情感故事作為訴求，透過一系列的劇情來打動觀賞者的認同感，靠的正是故事性與觀眾的情感共鳴，串聯起品牌行銷的故事，進而能與觀眾產生共鳴的內容更具傳播力。在這個大眾被社群內容淹沒的時代，獨特是必要條件，影音廣告行銷要能夠吸引人，除了視覺表現之外，愈是搞笑、趣味或感動人的情節，就愈容易吸引網友轉寄或分享，創造話題性及新聞價值，才能加深網友黏著度，最好就是要能夠說一個精彩故事，靠的正是故事性與網友的情感共鳴。

榮欽科技製作的油漆式速記法微電影短片

另外一種方式則是透過主題式的情節來完整闡述所要表現的目的和想法，透過置入性的行銷來達到推廣其商品或服務的目的，讓原本的廣告模式既可以說想說的話題，又能夠達到產品的推廣。接下來章節我們將以「油漆式速記多國語言雲端學習系統」為主題，透過動態影片製作模式，把「用手機玩單字，走到哪玩到哪」的主題理念傳達出去，讓學生或上班族都可以透過智慧型手機，隨時隨地都能增加自己外語單字的能力。

劇本創作集錦

確定拍攝主題後，接著就是創作劇本。請留意！每支爆紅影片的劇本都至少包含一個具體核心元素，而且多半與我們周遭熟悉的事物有關。通常一個主題可能會包含數個小單元，每個小單元所陳述的重點只有一個，並且要和主題相呼應才行。這裡以一個例子和大家做說明：

■ **產品說明**：油漆式速記多國語言雲端學習平台

油漆式速記多國語言雲端學習平台（http://pmm.zct.com.tw/trial/）：這是一套結合速讀和速記訓練，加上多感官刺激來達到超強記憶效果，讓記憶就像刷油漆一樣，凡刷過必留下痕跡。由於油漆式速記系統是一套兼具速讀、速記、測驗、趣味遊戲的軟體，為了讓目標族群可以在短時間內看到影片訴求的重點，我們將在影片中穿插字幕，讓觀賞者知道影片的重點是「用手機玩單字」。另外會在系列影片後方加入「油漆式介面導覽」的畫面，讓目標族群可以快速了解軟體所提供重要功能，期望這樣的情節安排與規劃，可以引起學生和上班族的共鳴，進而群起效仿，達到善用短暫時間來增強個人的單字量。

- **目標對象**：學生或上班族。

- **企劃主題**：用手機玩單字，走到哪玩到哪，推廣手機版 App，讓學生或上班族可以透過智慧型手機，隨時隨地都能使用「油漆式速記速記訓練系統」來增加自己的外語單字能力。善用短暫的時間來記憶單字，讓單調乏味的單字在不知不覺中成為永恆的記憶。

- **劇本創作**：以小學生和上班族作為主角人物，號稱「單字二人組」。單字二人組不管是在麥當勞之類的餐飲店、文化中心之類的休憩場所，或是在捷運站、公車站…等交通場所等待交通工具時，都可以利用短暫的時間來速讀和測驗單字。

基於上述的規劃，因此一系列的影片將分別在餐飲店、休憩場所、交通站等地作拍攝，透過智慧型手機就可以馬上選擇單字範圍作速讀，並且馬上做測驗，以便了解單字記憶的情況，不熟悉或答錯的單字也可以馬上看到答案，增強用戶的印象。透過這樣平凡的生活情節，讓觀賞者產生共鳴，日積月累的輕鬆記下大量的單字。

這些前置的工作都可以先行在紙上作業，把相關的問題與取景角度都構思完成後，再依照計畫來進行資料的收集與拍攝工作。各位最好利用「分鏡表」將劇情腳本表現出來，分鏡腳本好比建築物的設計圖，它是一部影片製作的藍圖。一部影片就是從一個個分鏡串連而成，你可以使用繪圖分鏡，也可以只用文字進行說明，其目的是用來說明各鏡頭的構圖、框景、攝影機運動方向、甚至轉場方式…等，依據拍攝題材決定有各種鏡位，可以先畫簡單的分鏡圖。從大製作的電影到一則小型的網路報導，都可依據分鏡表來進行拍攝，不但可確保故事與鏡頭的流暢，也可以作為與工作人員溝通的橋梁，讓意見的分歧降到最低，對於日後的剪輯效率也能夠提升。

分鏡腳本

休憩篇：文化中心

編號	鏡頭說明	聲音說明	畫面說明	特殊技巧	分/秒
1			標題顯示	畫面淡入	
2		用手機玩單字，走到哪玩到哪。	在文化中心前面秀出手機。		
3		我是四年級學生。我是上班族。	鏡頭帶到小學生和上班族特寫。		
4			鏡頭帶到速讀畫面，小學生開始進行速讀，接著進行測驗。		
5			測驗成績出爐，100分。		
6			小學生和上班族特寫鏡頭，皆露出勝利的表情和手勢。		
7			顯示「油漆式速記法」是你最佳的選擇。		

分鏡表可作事前周詳的考慮，確保在後製剪接時，精確的傳達主題

這部影片重點就在於「用手機玩單字，走到哪玩到哪」，期望這樣的情節規劃可以引起學生和上班族的共鳴，進而群起效做，達到善用短暫時間來增強個人的單字量。我們建議標題和開場白越短越好，最好不超過5秒，像這樣類似的教學內影片，也可以預先展示最終結果，一個好的結果反而會更讓人直接產生興趣。這樣的置入性行銷手法確實可達到推廣的目的，在消費者的心中建立好感，進而促進購買的慾望與行為。

▶ 微電影製作私房秘技

當各位前置的企畫做得越詳盡，資料蒐集越豐富，可以讓各位對該主題有更深切的認識，同時了解主題製作的難易程度。只要得到目標群族的認同，影片被分享到各社群網站的機會就會大為提高，爆紅的機會也會比一般的傳統媒體來的快速。接下來影片製作期包括拍攝影片片段、後製剪輯、輸出檔案三個部分。下面簡要說明：

拍攝影片片段

影片拍得好看，關乎拍攝者的運鏡、光影、質感等細部工作，首先根據想做的主題去蒐集相關資料，如上面的範例就必須先選定餐飲店、休憩場所、交通站等景色較佳的場所，先拍攝二人組所在的場所位置，接著找到可休憩的地方，再以智慧型手機進行速讀跟測驗的畫面。智慧型手機拍攝的好處是，當你按下錄製鈕影片就會開始拍攝，再按一下影片就結束而成為一段影片片段。

一支「受歡迎」的 YouTube，影片，打光、剪輯、字幕，缺一不可。在拍攝部分，取景構圖是主題的具體表現，每個人的審美觀不同，構圖也不會相同，至於多重光源可以讓畫面光線更加明亮，切記逆光和單一光源是大忌，但是主題一定要求簡潔，越是文字量多的訊息，更是讓人失去耐心，特別是畫面要協調，不要雜亂無章。另外，同一個主題也可以多角度來拍攝，近景／中景／遠景都可以拍攝，如此一來方便將來剪輯和配樂時的取材。

後製剪輯

影片拍攝完成後，接下來的剪輯與後製工作，當然就是利用威力導演之類的視訊剪輯軟體來處理，把你利用智慧型手機所拍攝的相片、影片，透過USB 傳輸線連接至桌上型電腦，只要「允許」存取裝置上的資料，電腦就會將手機當成一個外接式硬碟來存取。接著利用作業系統中的檔案總管切換到手機存放的相片或影片資料夾，以拖曳方式即可將素材複製到電腦上使用。

手機只要透過 USB 傳輸線，就可以將媒體素材傳送至電腦上進行編輯

不過在後製剪輯前，舉凡串接影片、動態效果設定、加入轉場、特效處理、字幕、配上旁白、背景音樂…等。例如多用跳接就可以創造影片輕快節奏，也可修掉不流暢或冗長的內容，最好先確認一下影片的規格與輸出大小，因為不同的社群網站或平台所要求的影片格式並不相同，廣告宣傳片也是一樣。以 Instagram 的動態廣告或限時動態廣告為例，影片格式是使用 *.mp4 或 *.mov 格式，影片長度在 15 秒以內，除了 9:16 的直式畫面外，也可以使用橫向或正方形的畫面，一般建議的解析度為 1080px x 1920px。臉書的廣告格式則包含圖像廣告、影片廣告、精選集廣告、輪播廣告、輕影片、全螢幕互動廣告等多種類型，其中的影片廣告的長寬比為 9:16 或 16:9，輪播廣告則是 1:1 長寬比。進行後製作前先確認規格尺寸和輸出用途，才不會做完之後卻不適用的情形發生，白費了心機。

輸出檔案

完成的影片最後就是要輸出成影片檔格式，例如在威力導演中所儲存的專案格式 -*.pds，這是軟體特有的格式，沒有威力導演的軟體是無法讀取，所以必須將完成的影片輸出成常見的視訊格式，才能轉寄給他人欣賞或是上傳到社群網站進行宣傳。各位只要點選「輸出檔案」步驟，就可以看到各種的標準 2D 格式或常用的線上網站。

此外，各位不一定要等到整個視訊專案都製作完成後，才將影片輸出成視訊檔。你也可以依需要將腳本內容適時地切割成若干單位，針對每個小單位進行編輯後立即輸出，最後再將這些小單位的影片串接成一個大的影片。如此操作的好處是，一旦某些部分需要修改增刪時，比較不會影響到其他部分的編輯，並且將大影片切割成小單位編修，可方便多人的分工合

作，加快專案編輯的速度。如果應用在商品的廣告行銷上，每個獨立的小影片也可以輕鬆的混搭成新的影片，這樣也可以降低製作的時間和成本。

大專案可以由多個小專案的輸出影片串接而成

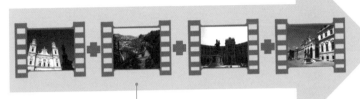

小專案的影片如需修正，只要編修小專案內容後，再重新匯入

影片成效溫度計

影片製作完成輸出後，不管是放置在社群網站上與粉絲分享，或是投放廣告加強推廣，都要時時地進行成效的測量，例如每一次上傳影片後，都必須很認真的去看後台數據、流量，以及網友留言等。影片成效的測量並不難，通常各大社群網站都有提供相關的數據可供參考。以 YouTube 社群網站為例，觀看次數及喜歡 / 不喜歡的人數都可以做為你參考的依據。

請按下影片下方的「數據分析」鈕會進入如下的視窗，除了可以查看觀看次數、總觀看時間、曝光次數、曝光點閱率等資料，也可以知道觀眾的性別、年齡層、國別等各項資料，這些資訊都可以作為影片宣傳或廣告投放的參考。

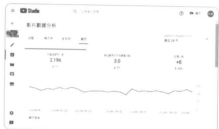

如果製作的影片是放置在 Facebook 的粉絲專頁上，粉絲專頁的管理者可以透過「洞察報告」來清楚了解每個宣傳影片受喜好或關注的程度。

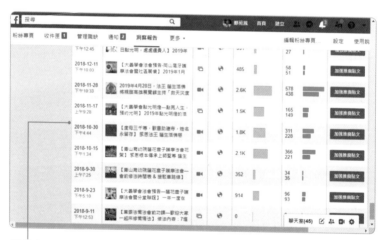

粉絲專頁的洞察報告可看出影片觸及人數與參與互動的程度

各位也可以點選影片標題進入如下的視窗，也可以查看影片和貼文的成效，了解粉絲們的喜好、觀看情況、按讚次數、留言⋯等，了解影片成效才能做為下回修正的依據。

▶ 我的第一支微電影

對於首次學習微電影製作的新手來說，除了要學會各種媒體素材的使用技巧外，經常還會遇到許多惱人的問題而不知所措，接下來我們將以威力導演做示範，告訴各位如何一手掌握微電影的製作技術，包括匯入媒體素材、串接影片、編修視訊、加入片頭效果、轉場、錄製旁白和配樂。期望各位都能將所學到的功能技巧應用在微電影的專案設計中。

🎥 素材匯入與編排

當啟動威力導演後，先將專案顯示比例設為「16:9」，選用「時間軸模式」，使進入威力導演程式，我們先將媒體素材匯入進來，排列素材的先後順序，並將所要覆疊的相關物件一一排列到其他視訊軌中。首先我們將所需的素材匯入，並完成專案檔的儲存，以利之後的檔案儲存。

2. 按「匯入媒體」鈕，下拉選擇「匯入媒體檔案」指令

1. 點選「媒體工房」

1. 選取資料夾中的所有素材

2. 按下「開啟」鈕開啟檔案

按下「是」鈕離開

匯入相關的素材後，請執行「檔案／儲存專案」指令，來儲存威力導演劇本 -*.pds。

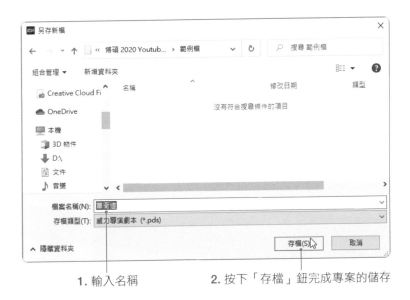

1. 輸入名稱　　　　　　2. 按下「存檔」鈕完成專案的儲存

編排素材順序

在此範例中，除了插入一張白色的色板當作片頭畫面的底色外，我們將放置「旋轉木馬」與「草衙道電車」兩段影片，接著就是草衙道的地圖，因此請依此順序加入素材。

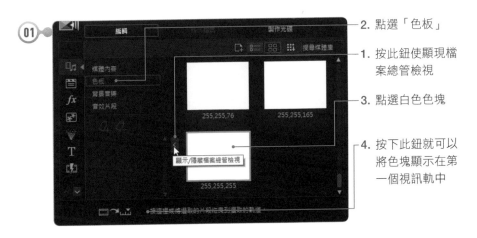

2. 點選「色板」

1. 按此鈕使顯現檔案總管檢視

3. 點選白色色塊

4. 按下此鈕就可以將色塊顯示在第一個視訊軌中

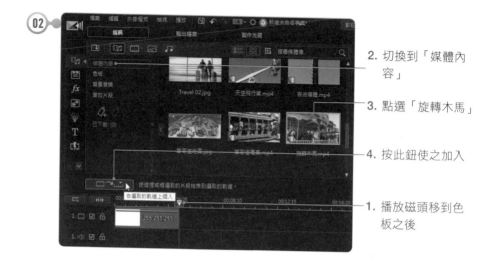

2. 切換到「媒體內容」

3. 點選「旋轉木馬」

4. 按此鈕使之加入

1. 播放磁頭移到色板之後

同上方式完成第一視訊軌的素材編排

調整素材時間長度

加入的素材如果是圖片，預設會使用 5 秒的時間，如果是影片會顯示原長度。圖片素材加入後若需要增加它的時間長度，可以利用「編輯 / 編輯項目 / 時間長度」指令進行修正。這裡我們打算將片頭畫面的長度拉長，讓觀看者可以更能看清影片標題。

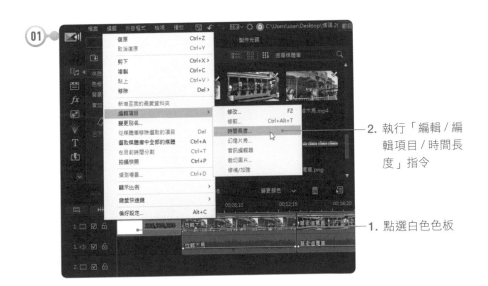

2. 執行「編輯 / 編輯項目 / 時間長度」指令

1. 點選白色色板

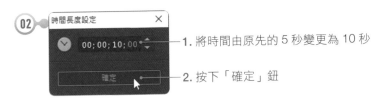

1. 將時間由原先的 5 秒變更為 10 秒

2. 按下「確定」鈕

設定完成後，色板加長了，而後方的素材自動向後移動。

加入覆疊物件

專案內容要吸引觀眾的目光，多層次的素材堆疊是豐富影片的最佳方式，所以各位可以多加運用。這裡要示範的是如何在影片素材上覆疊物件，請先依照下面的表格所示，把素材依序放入到第 2、3、4 軌之中。

第一視訊軌	白色色板	旋轉木馬	草衙道電車	草衙道地圖
第二視訊軌	景致 .png		透明片 .png	自由落體 .mp4
第三視訊軌	標題字 .png		電車 .png	天空飛行家 .mp4
第四視訊軌				飄移高手 .mp4

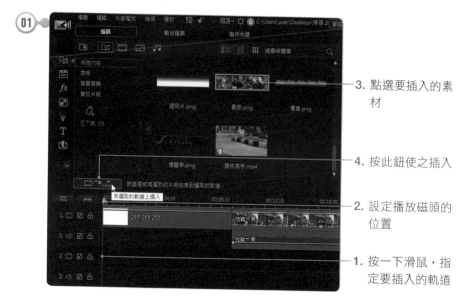

3. 點選要插入的素材

4. 按此鈕使之插入

2. 設定播放磁頭的位置

1. 按一下滑鼠，指定要插入的軌道

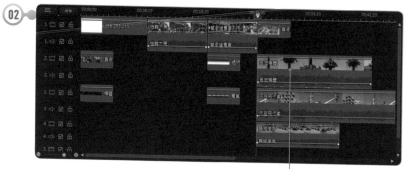

同上技巧，完成覆疊素材的加入，使顯現如圖

由於加入的相片素材預設只有 5 秒的時間長度，請自行利用「編輯 / 編輯項目 / 時間長度」指令來修正時間長度，或是以拖曳右邊界方式來加長時間。

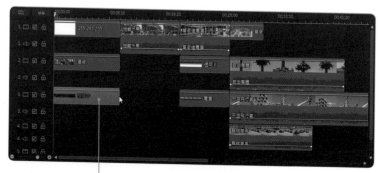

同上技巧，完成覆疊素材的加入，使顯現如圖

📹 覆疊物版面編排

覆疊物件加入至各軌道後,接著就要開始編排版面,讓每個版面都能讓觀賞者賞心悅目。請在時間軸上點選素材,再從預覽視窗上調整個素材的比例,下面簡要説明編排的重點。

⏱ 片頭畫面

- ■ **景緻 .png**:盡量將 6 個畫面顯示於版面上,素材右邊界與上邊界對齊版面的右側與頂端。

- ■ **標題字 .png**:放大居中,與「景緻 .png」相互堆疊。

調整標題字的素材大小如圖

放大素材,使六個圖片區塊顯示在畫面上

⏱ 草衙道電車

- ■ **透明片 .png**:對齊版面下緣。

- ■ **電車 .png**:移到版面的右側外,並對齊下緣。

透明片位置

電車位置

◑ 草衙道地圖

- 草衙道地圖 .jpg：按右鍵於素材片段，執行「設定片段屬性 / 設定圖片延展模式」指令，將素材片段延展成 16:9 顯示比例，使整張圖填滿整個影片區域。

按右鍵執行「設定片段屬性 / 設定圖片延展模式」指令

素材並非滿版

按下「確定」鈕，圖片就會充滿整個頁面

- 自由落體 .mp4、天空飛行家 .mp4、飄移高手 .mp4：縮小尺寸，分別放在左上方、正下方、與右上方三個地方。

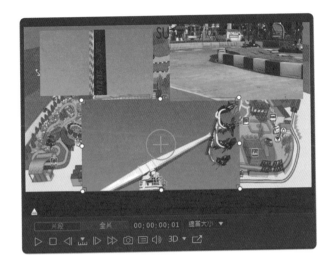

視訊影片編修

素材位置排定後，接下來要說明如何做靜音處理、影片修剪、以及如何做視訊顯示比例的調整，讓畫面呈現較佳的效果。

視訊軌靜音處理

由於影片在拍攝時已將周遭的吵雜聲音一併錄製下來，所以在預覽影片時會覺得很吵鬧。各位可以把視訊的「音軌」取消勾選，這樣就可以把聲音關掉。如圖示：

1. 拖曳此邊界，可看到各軌道的名稱

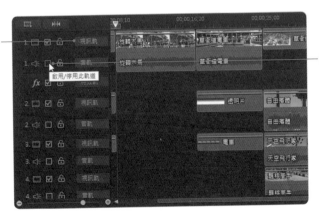

2. 依序將 1 至 4 的「音軌」取消勾選，所有影片就沒有聲音

視訊顯示比例設定

第一次編輯影片時，經常發現影片大小與專案比例不相吻合，如果出現此狀況，請在影片片段上按右鍵，執行「設定片段屬性 / 設定顯示比例」指令做修改即可。

1. 按右鍵於影片片段

2. 執行「設定片段屬性 / 設定顯示比例」指令

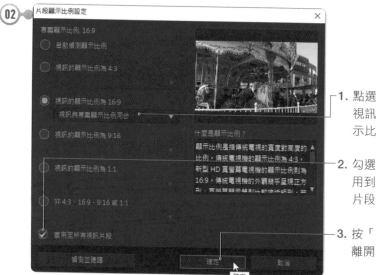

1. 點選此項，使視訊與專案顯示比例同步

2. 勾選此項會套用到所有視訊片段中

3. 按「確定」鈕離開

修剪視訊影片

在此範例中，由於三段影片的長度並不相同，因此對於較長的影片片段要進行修剪，讓三段影片能夠同時結束。

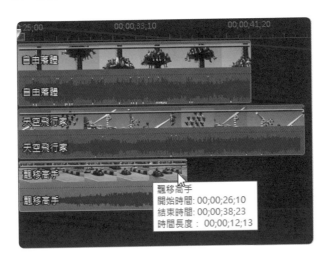

如圖所示，「飄移高手」的長度為 12 秒 13，所以其他影片在修剪時也以此長度為基準。

2. 按下此鈕進行修剪

1. 點選「天空飛行家」的影片片段

1. 自行調整開始處與結束點的標記，使修剪影片，讓時間長度維持在 12 秒 3

2. 切換到「輸出」鈕，預覽輸出後的效果

3. 修剪完成，按「確定」鈕離開

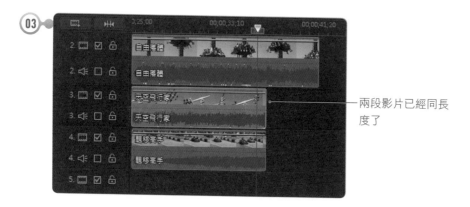

兩段影片已經同長度了

接下來依相同方式修剪「自由落體」的影片片段，同時延長「草衙道地圖」的長度，讓四個素材擁有相同的時間。

套用不規則造型

三段影片覆疊在地圖上,看起來像貼了膏藥一般很不美觀。現在要利用
「遮罩設計師」的功能將三段影片放置在美美的遮罩之中,讓視訊影片也
能以不規則的造型顯示出來。

2. 由「工具」鈕下拉選擇「遮罩設計師」

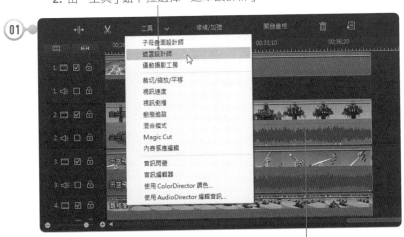

1. 點選視訊片段

1. 切換到「遮色片」標籤　　　3. 這裡已顯示套用遮罩的效果

02

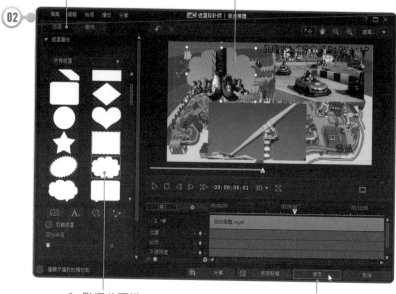

2. 點選此圖樣　　　　　　　　4. 按下「確定」鈕離開

同上方式完成另兩個視訊遮罩的設定，使顯現如圖

03

加入陰影外框

雖然視訊影片已加入美美的造型，但因為底圖很花，所以不容易顯示出來，現在要利用「子母畫面設計師」為視訊加入邊框與陰影，就能夠讓套上遮罩的視訊影片變搶眼了。

2. 下拉選擇「子母畫面設計師」功能　　1. 點選影片片段

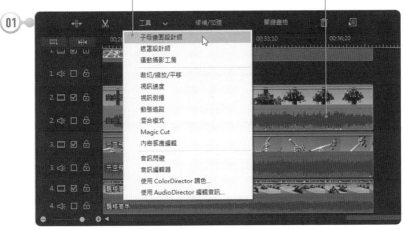

1. 勾選「外框」選項　　3. 顯示加入外框與陰影的效果

2. 勾選「陰影」，並設定模糊程度與陰影方向　　4. 按「確定」鈕離開

同上步驟完成另兩個視訊影片的設定

片頭頁面設計

片頭是影片最開始的畫面，最能吸引觀賞者的目光，因此片頭畫面我們採用長條狀，讓大魯閣草衙道的重要畫面能夠由右向左一直滑動過去，另外加上色調的變換，以及炫粒效果強化標題文字，讓片頭看起來亮眼繽紛，展現華麗動人的效果。

圖片滑動效果

前面我們已經把長條狀的「景緻」圖片放大並排列在第二視訊軌上，現在要利用「關鍵畫格」的「片段屬性」功能來設定圖片由右向左滑動。

1. 點選「景緻」片段　　2. 按下「關鍵畫格」鈕

2. 在「位置」處按此鈕加入關鍵畫格

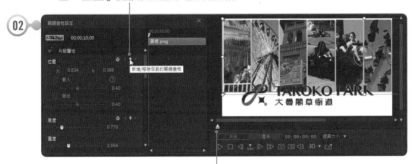

1. 播放磁頭移到影片片段的最前端

3. 將畫面由右向左拖曳，
　使出現綠色的移動路徑

2. 按此鈕使加入關鍵畫格

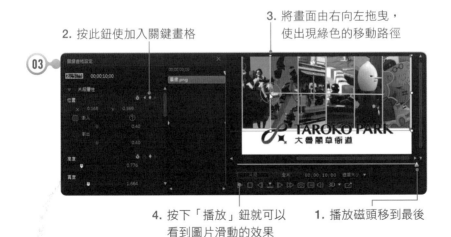

4. 按下「播放」鈕就可以　　　1. 播放磁頭移到最後
　看到圖片滑動的效果

除了片頭的圖片滑動外，在草衙道電車的部分也有「電車」由右向左移動的效果，請自行依同樣方式作前後兩個關鍵畫格的設定。如圖示：

2. 加入前後兩個關鍵畫格   **3.** 將電車作移入的動作，使顯現如圖

1. 點選「電車」

標題字與框線陰影

在標題部分，我們同樣要透過「子母畫面設計師」來為標題加入白色框線與陰影，使文字變搶眼。

1. 點選「標題字」片段

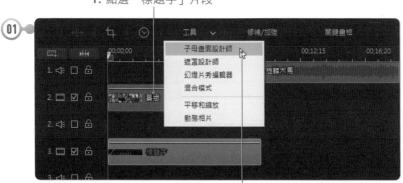

2. 按下「工具」鈕，下拉選擇「子母畫面設計師」

1. 設定陰影模糊程度、方向與色彩　　2. 效果顯示如圖

3. 按「確定」鈕離開

🎥 加入轉場特效

場景與場景之間的轉換，也是增加動態效果的一種方式，請切換到「轉場特效工房」　　，我們將加入與修改轉場特效行為。

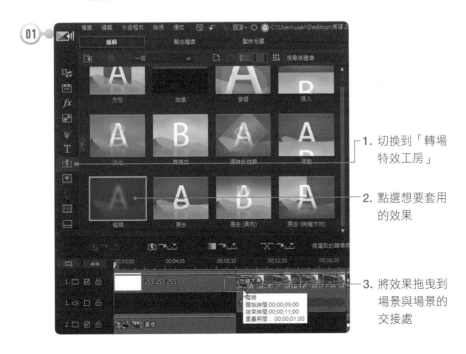

1. 切換到「轉場特效工房」

2. 點選想要套用的效果

3. 將效果拖曳到場景與場景的交接處

2. 按此鈕進行轉場特效的修改

1. 預設值將顯示為如圖的重疊效果

1. 點選「交錯」的轉場特效行為

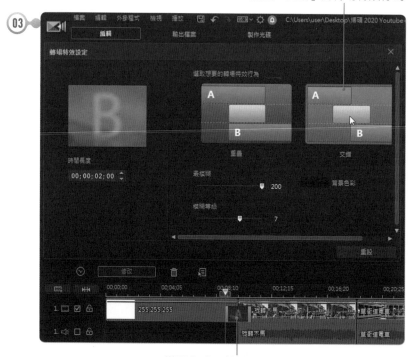

2. 變更完成，轉場圖示顯示在兩個影片片段之間

接下來自行加入喜歡的轉場效果至各場景的交接處。

▶ 旁白與配樂

影片編排完成後,最後就是錄製旁白說明與搭配合適的背景音樂。請各位將麥克風準備好並與電腦連接,我們將透過即時配音錄製工房來錄製旁白,再到 DirctorZone 網站下載適合的音樂片段來當作背景音樂。

📹 錄製旁白

請將「文字介紹 .TXT」文件準備好,我們將透過麥克風來錄製此段說明稿。

(01) ──────── 開啟文件稿,放置在預覽視窗上方

2. 調整音量大小   4. 按此鈕開始對著麥克風錄音

1. 切換到「即時配音錄製工房」   3. 播放磁頭移到最前方

1. 唸完文稿後，按此鈕停止錄製

2. 語音旁白錄製完成，請修剪音檔後方的空白

如果不滿意錄製的結果，選取音檔刪除後再重新錄製即可。另外，若是覺得錄製的聲音太小聲，可以按右鍵於音訊軌，執行「編輯音訊 / 音訊編輯器」指令後，點選「動態範圍壓縮」，再將「輸出增益」的數值加大就可搞定。聲音檔經「音訊編輯器」調整後，會在音訊素材上顯現 i 的圖示。

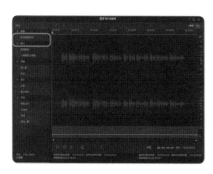

由此調整音量大小

📹 加入背景音樂

在這個範例的最後，我們要來加入背景音樂。如果有購買軟體，可直接到
DirctorZone 網站去下載合適的背景音樂來搭配，由「媒體工房」 🎵 下拉
選擇「從 DirctorZone 下載音效片段」指令，就可以進行音效的下載。

01

1. 按下「匯入媒
體」鈕

2. 下拉選擇「從
DirctorZone 下
載音效片段」

1. 點選音樂名稱

02

2. 按播放鈕可試聽音樂　　　3. 覺得不錯就按「下載」鈕

如果你還在試用階段，那麼請自行準備音樂檔，然後透過「媒體工房」 將音樂檔案匯入。音檔匯入後，現在準備將它拖曳到配樂軌中，不夠長時就利用「複製」與「貼上」功能來串接，多餘的部分則進行修剪的工作。

3. 按右鍵執行「貼上 / 貼上並插入」指令

1. 先將下載的音樂片段拖曳到配樂軌中，並按右鍵執行「複製」指令

2. 播放磁頭移到後方

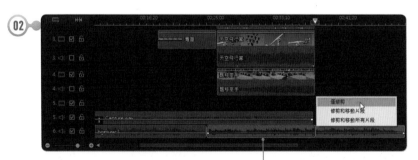

往左拖曳右側邊界，使與視訊同長度，並執行「僅修剪」指令

📷 調整旁白與音量

配音和配樂都加入之後，若是發現旁白聲音很小，配樂聲音很大，可以透過「音訊混音工房」來加大旁白聲音，減小音樂音量。以調整配樂的音量為例，這裡示範將音量降低。

3. 將此滑鈕下移，使背景音樂變小聲，直到視訊播放完畢

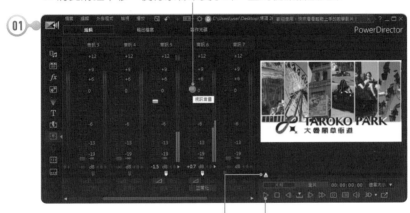

1. 播放磁頭放在最前端 ——— 2. 按下「播放」鈕

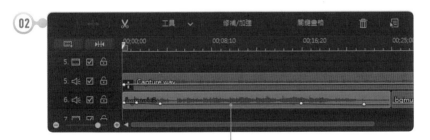

播放完畢，就會發現聲波明顯變小

▶ 輸出與上傳影片

製作完成的視訊影片可以直接上傳到 YouTube 網站，方便更多人觀看。要輸出影片請切換到「輸出檔案」步驟，由「線上」標籤中選擇「YouTube」按鈕，接著執行下面的步驟就可大功告成。

視覺化社群行銷與 SEO 超級淘金術：使用 Instagram 與 YouTube

1. 在「線上」標籤中點選「YouTube」按鈕

2. 設定檔案類型、標題、説明、標籤、類別等資訊

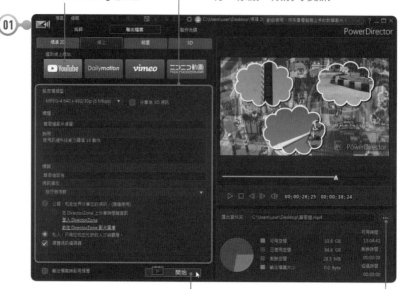

01

4. 按下「開始」鈕進行輸出

3. 按此鈕設定影片匯出位置

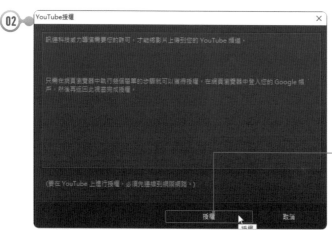

02

按下「授權」鈕允許 CyberLink 存取你的 Google 帳戶，並輸入帳號與密碼

03

提醒影片注意事項，按下「確定」鈕

04 ── 顯示電影製作完成，按此鈕關閉視窗

完成以上動作後，請在「輸出檔案」的標籤中按下「查看您在 YouTube 上的視訊」的超連結，即可開啟網站看到剛剛上傳的影片囉！

01

── 輸出完成，按此鈕查看你的 YouTube 視訊

02

影片上傳成功

MEMO

CHAPTER

讓粉絲拼命掏錢的 YouTuber 網紅工作術

\# 我的 YouTuber 斜槓人生

\# 美化你的頻道外觀

\# 頻道管理宮心計

\# YouTube 戲精行銷密技

\# 頻道爆紅的 YouTube 私房密技

▮▮ ▶▮ 🔊 0:20 / 3:00   ⚙ ▣ ▢ ⛶

👍 5 👎 0 ➤ 分享 儲存 ⋮

在社群時代來臨之後，越來越多的素人走上影音社群平台，虛擬網紅行銷更快速取代傳統銷售模式，這與行動網路的高速發展密不可分，也為各式產品創造龐大的銷售網絡。「網紅行銷」（Internet Celebrity Marketing）可算是各大品牌近年最常使用的手法，網紅行銷並非是一種全新的行銷模式，就像過去品牌找名人代言，主要是透過與藝人結合，提升本身品牌價值，相對於企業砸重金請明星代言，價格不貴的網紅推薦甚至可以讓廠商業績翻倍，素人網紅似乎在目前的行動平台更具說服力，甚至是有一種產品跟偶像離得更近的想像，逐漸地取代過去以明星代言的行銷模式。

◎ 張大奕是大陸知名的網紅代表人物，代言身價直追范冰冰

「人氣能夠帶來收益」稱得上是經營 YouTube 頻道的不敗天條，由於 YouTube 每天都會有數十億以上的瀏覽量，也是一個所有素人都可以參與其中的巨大秀場，絕大多數的 YouTube 影片無論在開頭、中間或結尾都帶有廣告，只要有人看到這些廣告，上傳影片的創作者幾乎都會有收益，這就是 YouTube 推行的「分潤機制」。各位想要在 YouTube 中賺取收益，您必須申請加入與通過「YouTube 合作夥伴計畫」（YPP），分潤方式不是依據影片的觀看次數，而是閱覽影片開頭或是中間插入的廣告，也就是創作者賺多少錢，其實是看 Google 跟 YouTube 在他的頻道中投放了多少廣告。通常廣告出現 5 秒後便可以跳過，但觀眾一定要看滿 30 秒，YouTube 會向廣告主收費後，才會分潤給創作者。至於影片表現得好或不好，訂閱數高還是低，全部都是透明，如此巨大的流量與獎勵機制自然也能夠帶來許多人氣與賺錢的好機會，這也是帶動 YouTuber 網紅行銷的最重要推手。

▶ 我的 YouTuber 斜槓人生

所謂 YouTuber，就是指以 YouTube 為主要據點的網路紅人，尤其 YouTube 是全球性的平台，你在台灣做的內容，可能也會有美國、馬來西亞、泰國、香港等全球各地喜歡你的觀眾，因此近年來不管你是學生、家庭主婦或者是有空的上班族，都紛紛以成為 YouTuber 為新興時代的賺錢職業，因為現在大家看 YouTube 比看電視還要頻繁。網紅就是已經通過了市場的考驗，養出一批專屬的受眾，而且具備相當人氣的 YouTuber，主打的就是與廣大觀眾的情感共鳴，其製作的影片通常能夠吸引觀眾點擊，直接造成廣告曝光次數增加。這些 YouTuber 們可能意外地透過偶發事件爆紅，或者經過長期的名聲累積與經驗，成為 YouTuber 不僅可以得到知名度，還能靠著點閱率賺錢，主要賺錢方式包括放廣告、廠商贊助業配、賣商品賺取收入等。

◉ 可愛搞笑的蔡阿嘎可算是台灣網紅始祖

📹 YouTuber 的成功祕訣

YouTuber 除了必須在特定社群平台上具有相當人氣外，還要能夠把個人品牌價值轉化為商業品牌價值。各位想要成為 YouTuber 的門檻並不高，但是需要時時接觸新資訊、喜歡與人互動交流、定時上傳影片等。為什麼許多店家與品牌搶著用 YouTuber？因為他們才是真正社群的「地下傳播

仲裁者」，不僅能擁有豐厚的收入，同時還是網路上的風雲人物，這也是 YouTuber 為何能在這個時代大放異彩，而且未來肯定會扮演越來越重要的角色。

YouTuber 行銷對品牌來說是個絕佳的機會點，自然又平易近人的表達方式，有別於傳統行銷宣傳上因過度包裝，透過 YouTuber 網紅業配，品牌大量曝光於粉絲眼前，因為社群持續分眾化，現在的人是依照興趣或喜好而聚集，所關心或想看內容也會大不相同，花錢在這些 YouTuber 上，不是只買下他的影片，最重要是買下龐大粉絲對他的信任。近年來品牌跟 YouTuber 合作時，寫寫體驗文這樣沒 sense 的合作方式，早已成為過去式，取而代之的是更積極的找 YouTuber 實際參與品牌活動。因為 YouTuber 就代表著這些分眾社群的意見領

阿滴跟滴妹國內是英語教學界最紅的 YouTuber

袖，想當 YouTuber，先要確認誰是目標觀眾，首要也是最重要的一步就是定義出你的「理想用戶」，然後從構思、腳本、拍攝、剪輯、粉絲互動的全能通才，不過要滿足觀眾喜好，還是需要經過實戰考驗，特別是人類天生就喜歡在意外的創意裡找樂趣，最好還能透過真正有哏的內容來對粉絲產生深度影響。

YouTuber 的影片是否受歡迎的因素相當多種，包含了影片內容、創意、行銷模式、圖片、圖示數據分析、文字說明等，都會影響影片的點擊率，幾乎可以這樣形容，從視覺風格設定到上線更新頻率等眉角，背後都有一番爆紅學問。我們知道一般人點閱影片多半只有兩個目的：學習新事物與得到娛樂。通常人們訂閱你的頻道是期待你呈現更多的內容，所以製作的影片如果不能同時寓教於樂，至少也得達到其中一個目的，例如要盡量做到要

讓觀眾見你比見他的老情人還多，還要選擇在最多用戶在線的時間發佈影片。因為在 YouTube 上建立品牌最大關鍵，就是要盡可能觸及目標受眾，然後更新頻率要高，持續吸引用戶的注意力，加上你的內容讓人很容易共鳴，看了就有分享給朋友的衝動，那麼這支影片就很有可能成為爆紅影片。

開始建置品牌頻道

大部分專家報告指出，影片的轉換率遠勝過於其他媒介，YouTuber 絕對有潛力為品牌或個人帶來龐大的流量，就像經營粉絲團一樣，甚至可以大幅提高轉換率，也是數位行銷非常重要的一個環節，人氣大的 YouTuber 頻道，不但是粉絲多，影響力也大，許多品牌不但會邀請一些有策展能力的 YouTuber，甚至贊助 YouTuber 個人的活動，例如旅遊、粉絲見面會、抽獎活動等等，這是一種很成功又不著痕跡的品牌置入模式。

各位想要成為一位 YouTuber，首先就是要在 YouTube 擁有自己的頻道，不但讓你方便整理所有的影片，也才能上傳自己的影片、發表留言、或是建立播放清單。請注意！個人頻道與品牌頻道二者最大的差異其實是在於能不能有多位管理員。請各位在 Google 瀏覽器上登入 Google 帳戶後，瀏覽器右上角會顯示你的名稱，由「Google 應用程式」 ::: 鈕下拉選擇「YouTube」圖示，就能進入個人的 YouTube 帳戶。

進入個人 YouTube 帳戶後，按此鈕，再下拉選擇「您的頻道」指令

首頁顯示你最近所上傳的影片

以往許多品牌運用影片行銷的時候，只能獨立上傳影片，無法將影片進行分類展示和管理。現在在 YouTube 個人帳戶下，你可以透過品牌帳戶來建立頻道，讓品牌擁有各自的帳戶名稱與圖片，這樣可以和個人帳戶區隔開來。

對於行銷人員來說，通常按照影片內容主題定位不同頻道是對的想法，也可以同時經營與管理多個頻道而不會互相影響，更能讓潛在的客戶有系統獲得企業希望傳達的相關影片。一個品牌帳戶會有一個主要擁有者，他可以管控整個品牌帳戶的擁有者和管理者，讓多人一起管控這個帳戶，而管理者可在 Google 相簿上共享相片，或是在 YouTube 上發佈影片。如果你有自己的商家或品牌，就可以透過以下的方式來建立品牌帳戶：

1. 按此鈕

2. 下拉選擇「設定」指令

點選「新增或管理您的頻道」指令

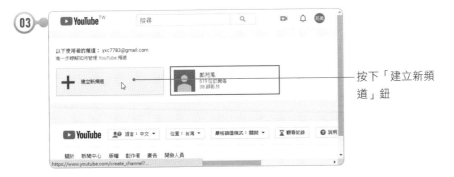

按下「建立新頻道」鈕

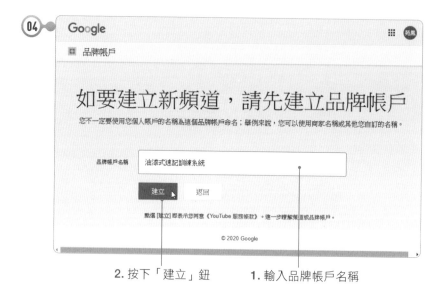

2. 按下「建立」鈕　　　1. 輸入品牌帳戶名稱

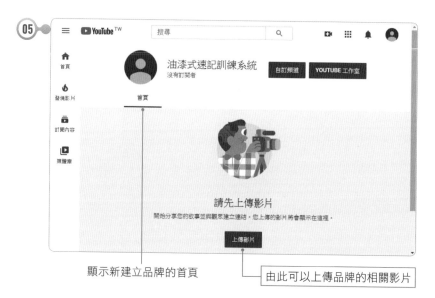

顯示新建立品牌的首頁　　　由此可以上傳品牌的相關影片

輕鬆切換帳戶

當各位建立完品牌帳戶之後，如果想要切換到個人帳戶或其他的品牌帳戶，只要按下瀏覽器右上角的大頭貼，下拉選擇「切換帳戶」指令，就可以進行切換。

1. 按下圓形大頭貼

2. 下拉選擇「切換帳戶」指令

一個 YouTube 帳戶可以同時擁有多個品牌帳戶

點選要切換的帳戶名稱

帳戶切換後會看到大頭貼已經切換成你所指定的帳戶，但是頁面尚未切換，所以必須執行「您的頻道」指令才會看到頻道的內容喔！

下拉執行此指令，頁面才會切換過去

▶ 美化你的頻道外觀

當店家建立品牌帳戶與頻道後，不但可以透過圖示來呈現品牌形象，也能利用頻道圖片來呈現品牌特色，並為頻道頁面打造與眾不同的外觀和風格，因為 YouTube 頻道的美觀程度對該頻道的數位行銷效果相當重要，觀眾在看一個影片的時候，好的影片圖示，就會從旁邊即將播放的推薦影片中脫穎而出，以吸引觀眾的目光。

🎥 頻道圖示的亮點

品牌圖示主要用來呈現出品牌的特有形象，各位千萬不要小看品牌圖示，請盡可能確保它與主題內容的一致性，最好擁有一個有自我風格特色的頻道圖示（icon），可以讓瀏覽者一看到圖示就馬上聯想到品牌，強烈建議加入符合品牌的視覺及關鍵字，讓潛在消費者能第一時間了解你的影片內容。因為觀眾在瀏覽你的影片或頻道時，都會看到頻道圖示，所以在選擇圖片時，盡可能選擇辨識力高的圖案，確保在很小的情況下也能清晰看見。

以油漆刷子和速讀、回溯、刺激等旋轉輪來呈現品牌形象

製作頻道圖示有一定的規範，不能上傳含有公眾人物、裸露、藝術作品、或版權的圖像，建議上傳 800 x 800 像素的圖片大小，上傳後會顯示成 98 x 98 的圓形，JPG、PNG、GIF，BMP 等格式都可以被接受。要注意的是，無法從行動裝置上編輯頻道圖示，必須在電腦上進行變更。

在品牌帳戶裡按下大頭貼圖示鈕

按下「編輯」鈕

按下「上傳相片」鈕

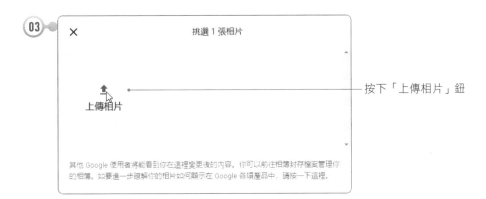

1. 點選要上傳的圖片

2. 按下「開啟」鈕

視覺化社群行銷與 SEO 超級淘金術：使用 Instagram 與 YouTube

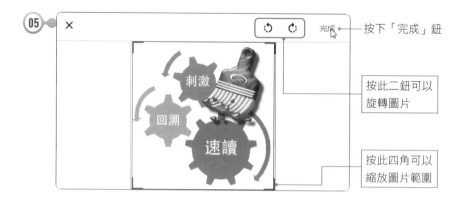

按下「完成」鈕

按此二鈕可以
旋轉圖片

按此四角可以
縮放圖片範圍

顯示相片資料已更新，這裡的變更會和你建立和分享的內容一起顯現

完成如上的動作後，只要在 YouTube 平台上切換到品牌帳戶，就能看到變更後的圖示了！

🎥 新增頻道圖片

頻道圖片顯示在頻道首頁的頂端，通常是接觸消費者的第一道門，簡單的
說，就是影片精華的截圖，所有成功的 YouTube 頻道都有一個共通點——
清楚且鮮明的品牌識別，所以盡量把你自己的 YouTube 頻道與頻道圖片結
合成屬於你的個人品牌。這個圖片在電腦、行動裝置、電視上所呈現的方
式略有不同，為確保頻道圖片在各裝置上呈現最佳的效果，建議使用 2560
x1440 像素的圖片為佳，當然也要考慮到整體的配色，因為一致的色調是
任何精心設計的 YouTube 頻道無形中的助力。建立頻道圖片的方式如下：

在品牌頻道中按下「自訂頻道」鈕

按下「新增頻道圖片」

按此鈕從電腦中選取圖片

1. 點選圖片

2. 按下「開啟」鈕

這是在電腦、電視、行動裝置上所呈現的效果

2. 按此鈕調整剪裁範圍

1. 勾選「自動修圖」

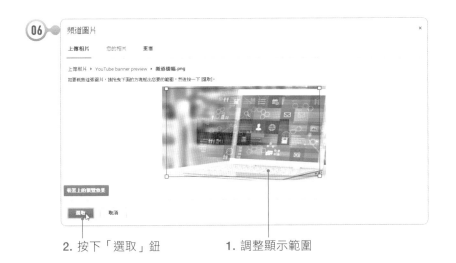

2. 按下「選取」鈕　　　1. 調整顯示範圍

完成頻道圖片的設置

變更頻道圖示 / 圖片

由於頻道圖示是最容易吸引注目的地方，不論是解析度、色調或明暗度，都會影響所呈現的畫質或感覺，已經建立好頻道圖示與圖片後，如果想要更新成其他圖案，以營造不同的全新氛圍，只要滑鼠移到如下的圖示上，就可以重新上傳圖片。

按此變更頻道圖示   按此變更頻道圖片

加入頻道說明與連結

在加入品牌帳戶與頻道後，你可以在「簡介」部分使用廣告詞，進行簡單的頻道介紹，這樣可以讓訂閱者或是瀏覽者更深入了解你的頻道。請切換到「簡介」標籤，從「簡介」的頁面中可以加入頻道說明、電子郵件、以及連結網址。

頻道說明

按下 ⊕ 頻道說明 鈕後將顯示如下的「頻道說明」欄位，由此欄位為自己的頻道做簡要的說明，輸入完成案「完成」鈕完成設定。

電子郵件

按下 ⊕ 電子郵件 鈕將可輸入聯絡的電子郵件信箱，方便做業務上的諮詢。點選該鈕後顯示如下的欄位，直接輸入郵件地址即可。

連結

按下 ⊕ 連結 鈕可在頻道圖片上加入五個以內的網站或社群連結，透過這些連結可以讓瀏覽者或是訂閱者快速連結到你的官方網站、FB粉絲專頁、IG社群。

按下「新增」鈕連結

由此下拉可設定5個以內的連結數目

1. 輸入第一筆連結資料

2. 按「新增」鈕繼續新增連結資料

輸入完成，按下「完成」鈕離開

完成設定之後，除了在「簡介」標籤中可以快速連結到自訂的網站，頻道圖片的右下角也會顯示連結的圖示。

自訂的連結顯示在此

▶ 頻道管理宮心計

在人人都可能成為自媒體的今天，誰都夢想開台成為 YouTuber，不過當 YouTuber 很容易，但要成為高人氣的 YouTuber 卻難上加難，在 YouTube 平台上建置品牌帳戶和頻道後，當然要妥善的經營管理，讓頻道中的內容除了能夠富有教育性、娛樂性及高參與度的面貌呈現在瀏覽者面前。還有一點很重要，素人走向網紅的過程，多少免不了酸民的攻擊，不管是用戶正負面反應，都算是粉絲的意向表達，有本事的 YouTuber 不只要會接受正面評語，相對也要有面對負面評價的雅量。這裡我們會針對頻道管理員的新增／移除、品牌頻道 ID 的複製、預設頻道、轉移／刪除頻道等功能作介紹，讓你輕鬆管理你的頻道。

📹 新增／移除頻道管理員

前面我們提到過，品牌帳戶可以設定多個管理員，讓多個管理員可以同時管理帳戶內的所有設定。各位要新增管理員，請按下品牌的大頭貼照，然後下拉選擇「設定」指令，在「帳戶」標籤頁中，各位會看到如下的「頻道管理員」，點選「新增或移除管理員」的連結，即可進行設定。

1. 點選「帳戶」標籤

2. 按下「新增或移除管理員」

按下「管理權限」鈕

按下「管理權限」鈕後，Google 會先驗證你的身分，請輸入密碼，再按「繼續」鈕，它會透過手機進行驗證，確認是本人之後才會進入「管理權限」的視窗讓你進行人員的新增。新增方式如下：

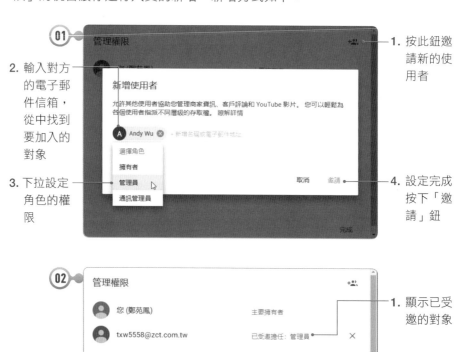

1. 按此鈕邀請新的使用者

2. 輸入對方的電子郵件信箱，從中找到要加入的對象

3. 下拉設定角色的權限

4. 設定完成按下「邀請」鈕

1. 顯示已受邀的對象

2. 按「完成」鈕離開

如果想要移除已加入的管理人員，只要在其右側按下 ✕ 鈕即可移除。

品牌頻道 ID

當各位建立品牌頻道，同時頻道中已有上傳的影片，那麼你的頻道就會有專屬的 ID，透過這個 ID 可以讓其他人在瀏覽器上找到你的品牌頻道，想要知道自家品牌頻道的 ID，請由品牌的大頭貼照下拉選擇「設定」指令，接著在如下視窗左側點選「進階設定」，就能看到品牌帳戶的頻道 ID 了。

1. 按此鈕下拉選擇「設定」指令

2. 點選「進階設定」

3. 頻道 ID 顯示於此，按下「複製」鈕可複製該 ID

各位只要將此 ID 貼到瀏覽器的網址列上，就能立即找到你在 YouTube 上的品牌帳戶囉！所以善用這個 ID 可以讓更多人看到你的頻道內容。

輸入品牌 ID，就可找到 YouTube 上的品牌帳戶

📹 預設品牌頻道

前面介紹的新建品牌帳戶與頻道，我們是在同一個 Google 帳戶下新增品牌帳戶，當你同時擁有個人頻道與品牌帳戶時，如果希望每次進入 YouTube 平台時，都以指定的頻道直接進入，而不需要進行帳戶的切換，那麼可以透過「進階設定」的功能來進行設定。設定方式如下：

1. 切換到主管理的品牌帳戶與頻道

2. 點選該品牌帳戶的「進階設定」 3. 勾選此項，使之變成預設頻道

📹 轉移 / 刪除頻道

在「進階設定」的類別中還有兩項功能，一個是「轉移頻道」，另一個是「刪除頻道」，這裡為各位做說明。

🔄 轉移頻道

「轉移頻道」可將頻道轉移至你的 Google 帳戶或其他品牌帳戶。此功能可將你在 YouTube 平台上經營一段時間的個人頻道轉移到品牌頻道上，如此一來，可順利將個人頻道內的訂閱者、影片內容，播放清單…等輕鬆轉移到品牌帳戶中。點選該功能，Google 會要求你輸入密碼進行確認，接著點選要連結的品牌帳戶即可轉移頻道。

🔄 移除頻道

「移除頻道」會將目前的 YouTube 頻道進行刪除，刪除的內容包括所有你在 YouTube 上的留言、回覆、訊息、觀看記錄等相關內容。移除頻道時會先驗證擁有者的身分，確認身分後才能進行永久刪除。

▶️ YouTube 戲精行銷密技

建立品牌帳戶後，品牌頻道中的影片上傳技巧和你個人頻道的影片上傳方式一樣，這裡先要為各位介紹兩項 YouTube 新增的功能 -「結束畫面」與「資訊卡」，善用「結束畫面」可以為你的品牌頻道增加點閱率，同時建立忠實的觀眾，而「資訊卡」可以宣傳影片或網站，所以進行品牌行銷時，這樣的功能千萬別錯過。除此之外，各位也可以和不同 YouTuber 合作，不

但有利突破同溫層，也是創造導流最快的手法，最後還會為各位介紹「播放清單」的功能，讓你可以將頻道內的影片有效地歸納分類。

活用結束畫面

作為一個積極的 YouTuber，努力建立訂閱用戶群是個重要關鍵。各位在觀看 YouTube 影片時，有時會在影片的最後看到如下的結束畫面，結束畫面會出現可以點選的連結，如果想要讓觀眾連結到另一個影片或是讓人訂閱你的頻道，那麼結束畫面是一個非常有用的工具，透過這樣的畫面可以方便觀賞者繼續點閱相同題材的影片內容。

影片結束前，直接點選影片圖示，就可繼續觀看同品牌的影片

當你擁有品牌帳戶與頻道後，在你上傳宣傳影片時，可以在如下的步驟中點選「新增結束畫面」的功能來做出如上的版面編排效果。

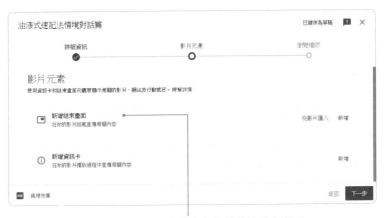

新上傳的影片，可在此處加入影片的結束畫面

「新增結束畫面」是 YouTube 新推出的功能，對於商家或品牌行銷來說是一大利多。除了新上傳的影片可以加入影片結束畫面外，以前所上傳的影片也可以事後再進行加入。如果你想為已經在頻道中的影片加入結束畫面，可以透過以下的技巧來處理。

1. 按此鈕下拉選擇「您的頻道」，使顯現如圖畫面

2. 點選要加入結束畫面的影片縮圖

在影片下方按下「編輯影片」鈕，使進入「影片詳細資料」的畫面

在右下方點選「結束畫面」的按鈕

進入「結束畫面」的編輯視窗 ── 元素編排方式 ── 預覽視窗

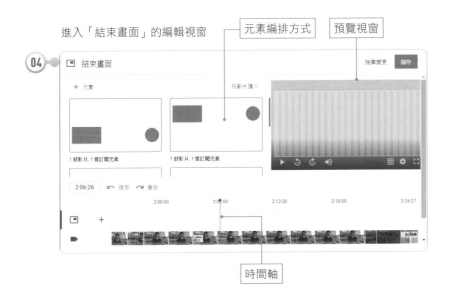

時間軸

各位可以看到，左上角提供各種的元素編排版面可以快速選擇，下方是時間軸，也就是影片播放的順序和時間，你可以指定元素要在何時出現，而右上方則是預覽畫面，可以觀看放置的位置與元素大小。

在元素部分，你可以選擇最新上傳的影片、最符合觀眾喜好的影片，或是選擇特定的影片，至於「訂閱」鈕它會以你品牌帳號的大頭貼顯示，所以不用特別去做設計。此處要示範的是：在片尾處加入一個播放影片和一個訂閱元素。

2. 選擇想要呈現的版面配置，使之加入至預視窗中

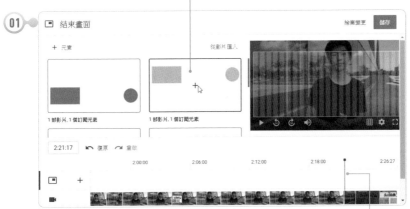

1. 拖曳此線，使顯現在影片將要結束的地方（也就是元素要出現的位置）

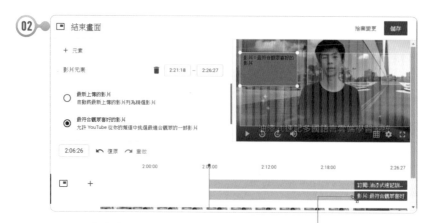

依序將此二時間軸由左向右拖曳至此處，使顯現在要顯示的時間上

點選「訂閱」圖示可以調整擺放的位置

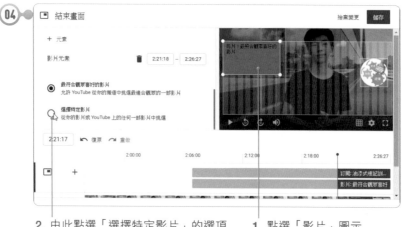

2. 由此點選「選擇特定影片」的選項　　1. 點選「影片」圖示

選取要顯示的影片

設定完成按「儲存」鈕

設定完成後,影片結束之前就會顯現你所設定的影片和「訂閱」鈕,讓喜歡你影片的粉絲可以訂閱你的頻道。

資訊卡的魔力

YouTube 推出了「資訊卡」，相當於強化版的註釋功能，能夠讓你在影片裡面直接置入對外連結，不僅可以放更多精彩的圖文內容，行動裝置瀏覽時也可以看到點選，讓你的影片添加更多具有潛在目標的視覺化組件。資訊卡是在影片的右上角出現 ⓘ 的圖示，點選可以看到說明的資訊，如下圖所示。透過資訊卡可以連結到宣傳的頻道、影片、播放清單、或者能獲得更多觀眾觀看的特定影片，甚至於是鼓勵觀眾進行多項選擇民意調查，不過其中連結網站必須加入 YouTube 合作夥伴計畫才能使用。

資訊卡顯示方式

資訊卡可以在你上傳新影片時加入，也可以事後再補上。這裡示範的就是事後加入資訊卡的方式，請在影片下方按下「編輯影片」鈕，使進入「影片詳細資料」的畫面，接著依照下面的步驟進行設定：

按此鈕進入「資訊卡」設定畫面

按此新增連結至影片的資訊卡

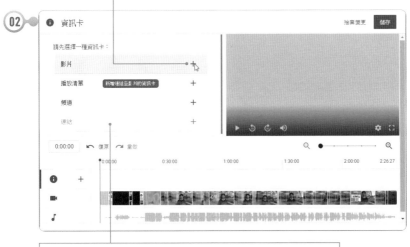

資訊卡所提供的類型包括影片、播放清單、頻道、連結四種

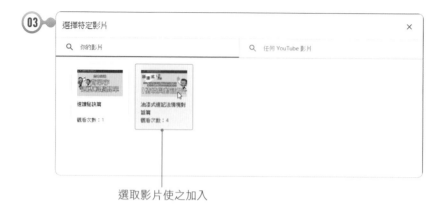

選取影片使之加入

1. 預視窗以顯示資訊卡的效果　　2. 按此鈕儲存資訊卡

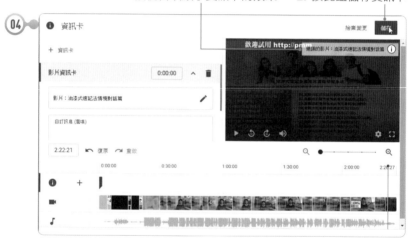

設定完成後，當影片開始播放時，你就會看到資訊卡出現的三種畫面效果。如果各位在影片中有打算介紹其他影片，就可以新增推薦影片的資訊卡，最多可以在一支影片中添加五張資訊卡。

影片開始播放時所顯示的建議影片

滑鼠移入圖示
時所顯示的提
供者

按下圖示鈕顯
示的影片資訊

省心的播放清單

YouTube 無疑是全球流量與使用量最大影音的平台，如果你希望觀眾泡在你的頻道裡一整天，那麼就需要建立一分「播放清單」！播放清單是用戶整理 YouTube 播放內容的好方法，可將頻道內的影片進行分類管理。比起單一影片，整個清單裡的影片將更有機會被搜尋到。冷門影片與熱片影片被放在同一個清單中，增加冷門影片被看到的機會，甚至可以嵌入你的網站中。

這些列表將有機會出現在 YouTube 的搜索結果中，當然名稱就很重要。此外，「資訊卡」也有提供「播放清單」的加入功能，建議各位使用這些卡片在影片中推薦其它影片、播放列表或者能獲得更多觀眾觀看的特定影片以達到蹭熱點的功用，這樣也可以讓訂閱者或是瀏覽者快速找到同性質的影片繼續觀賞。

進入頻道後按下「自訂頻道」鈕

1. 點選「新增播放清單」

2. 輸入播放清單的標題　　3. 按下「建立」鈕

按此選項鈕，並執行「新增影片」指令

1. 切換到「您的 YouTube 影片」的標籤

3. 按下「新增影片」鈕　　　　2. 同時選取要加至播放清單的影片

播放清單建立完成

頻道爆紅的 YouTube 私房密技

看完前一小節所提及的各種數據分析資料，各位要學習如何洞察頻道的成效與趨勢，掌握這些資訊後，您將能製作出更優質的內容，了解觀眾的喜好並投其所好，讓用戶更輕鬆找到您的影片，才能從中提升曝光率，以賺取更多的利益。下面我們整理一些方法供各位參考：

- 在流量來源部分，針對觀眾最喜歡的播放清單，適時地為清單中的影片加入資訊卡或結束畫面，讓最符合觀眾喜好的影片有更多的曝光機會。另外，不妨為自己的影片建立固定的開場短片，也可以將次熱門影片加諸在最熱門影片的結束畫面，以此方式推薦給觀眾瀏覽，增加次熱門影片的點閱率。

- 了解那些影片是觀眾的最愛，請注意！所有 YouTuber 能成功的關鍵在於保持內容一致性，並且徹底瞭解觀眾與他們的行為模式，才能為他們量身打造合適的影片，並針對該類型的影片製作一系列的宣傳片或行銷資訊，增加觀眾的接受度。

從「影片」標籤頁中，可以查看到所有上傳影片的觀看數、留言數、被喜歡的比例

- 知道哪些觀眾會看我的影片，可針對該年齡層、性別、居住地等投入廣告宣傳或預算，這樣成功的機會會比較高。

- 影片縮圖可以吸引觀眾的目光，視覺圖像會影響使用者點擊意願，並引領他們繼續觀看，所以影片縮圖最好能夠將影片的重點強調出來，例如試著使用高對比或是高飽和的色調來讓縮圖更顯眼，務必包含有「具表情的臉孔或 logo」和「清晰的文字與字體」。

- 上傳新影片時，通常可以直接從影片中挑選一張合適的縮圖，如果可能的話，不妨預先設計強而有力的影片標題，好的影片名稱就像好的新聞

標題一樣，是吸引觀眾進來的第一手段，建議影片上傳時使用「描述性的文字標籤」，可以增進內容的辨識，觀眾可以一眼認出你的品牌。

上傳影片時，可透過此鈕來上傳自製的影片縮圖，
也可以事後透過「編輯影片」鈕再由此進行加入

▪ 如果流量的來源主要來自於 YouTube 的搜尋，那麼觀眾最常使用關鍵字將是你的參考依據，除了影片標題外，最好是連頻道的名稱都置入關鍵字，盡可能在影片說明中加入這些標記文字，讓 Google 更容易找到你的影片。

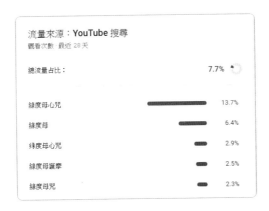

▪ 對於你所上傳的每部影片，不妨在「說明」的欄位中簡單地介紹這部影片或置入相關訊息，例如加入自家網站、購物商城、或是你的頻道ID，這樣觀眾就有機會透過這些連結而前往你的網站、商城或品牌頻道，幫助觀眾在觀看這部影片時能獲得更好的體驗。

▪ 「蹭熱點」也是 YouTube 行銷推廣策略之一，多與熱點新聞、名人、時尚、流行趨勢相關的主題連結，並嘗試用熱門話題來包裝冷門內容。已

上傳的影片，也可以事後從影片下方按下「編輯影片」鈕，再回到「影片詳細資料」的頁面進行加入、儲存，這樣也能增加品牌的曝光率。

1. 按下「編輯影片」鈕　　　2. 由「說明」處加入相關連結資訊

- 在網路上看到的新奇事物都可以很快地與朋友分享，「分享」就是這個 YouTuber 成功的關鍵。除了在已上傳的影片上加入網站、商城或品牌頻道，自家的商場，官網也可以考慮將你的 YouTube 頻道加入或設定連結，如此交叉分享可快速累積知名度和觀眾，當然與其他 YouTuber 合作是拓展粉絲數量最快的方式，嘗試跟另一個內容創作相似的 YouTuber 合作，可以讓你的頻道被更多還不知道你的人知道，這是吸引全新觀眾的絕佳方式。

- 上傳的影片最好能夠「允許嵌入」，這樣可以讓其他人轉發你的影片，允許對方嵌入，才能讓對你的片內容有興趣的網站／網誌擁有者，將你的內容散播出去。各位可在「影片詳細資料」的頁面中切換到「更多選項」，即可進行確認。

1. 切換到「更多選項」　　　2. 確認勾選「允許嵌入」

■ 善用頻道中的「播放清單」功能，讓你的影片可以依照主題進行分類，
通常願意點進你頻道的人，代表已經看過你的影片，只要一個播放清
單，他就可以在自己感興趣的主題中盡情找到想要觀看的影片。

YouTube 是一個競爭激烈的平台，在這樣的眼球競爭難度極高的狀況下，
不論是哪一種類型的影片，除了要確保影片的優化，加入相關的標題、描
述、標籤和字幕，YouTube 演算法決定了創作影片會如何呈現在觀眾面
前，這裡要特別提醒大家的是許多影片都忽略了字幕的重要性，字幕也大
大地提升了觀眾的使用者體驗，當然影片被推薦的機率也會比較高。

MEMO

CHAPTER

流量變現金的
YouTube 直播攻心術

YouTube 直播超夯搶錢心法

魔鬼就在細節裡 - 頻道數據分析

0:20 / 3:00

👍 5　　👎 0　　↗ 分享　　≡+ 儲存　　⋮

隨著網紅、直播主名氣快速竄升，在許多店家或廣告商的眼中，不少網紅與 YouTuber 們影響力已經大過傳統媒體，特別是各家社群平台陸續開放直播功能後，手機成為直播最主要工具；其中觸及率最高的第一個就是直播功能，平時觀賞精彩的直播影片，例如電競遊戲實況、現場音樂表演、運動賽事轉播、線上教學課程和即時新聞等，還可以利用影片直接推銷商品，並透過連結引流到自己的網路商店，當然也可以透過社群上面的直播功能，直接在網路上賣東西賺錢，不同以往的廣告行銷手法，影音直播更能抓住消費者的注意力，因此直播肯定是下一波社群行銷的熱門話題。

◎ Twitch 平台堪稱是遊戲素人直播的最佳擂台

> **TIPS** Twitch 是全球第一遊戲實況直播影音社群平台，最大特色就是直播自己打怪給別人欣賞，而且有不少玩家是喜歡看人打電動多過於自己打，特別是某些需要特別技巧的遊戲就容易產生觀戰效應。對於電競平台或廠商來說：「直播不是想要帶來實際數字效益，重點是跟玩家們互動！」

影音直播是近十年來才開始站穩腳步，許多企業開始將直播作為行銷手法，直播是一個增長粉絲數很好的管道，消費觀眾透過行動裝置，特別是 35 歲以下的年輕族群觀看影音直播的頻率最為明顯，利用直播的互動與真實性吸引網友目光，可以讓粉絲看到品牌人性化的那一面，從個人販售產品透過直播跟粉絲互動，延伸到電商品牌透過直播行銷，讓現場直播可以

更真實的對話。例如小米直播用電鑽鑽手機，證明手機依然毫髮無損，就是活生生把產品發表會做成一場直播開箱秀，這種不經剪接的即時性是最快讓觀眾了解及建立品牌信任的方法，這些都是其他行銷方式無法比擬的優勢，也將顛覆傳統社群行銷領域。

影片廣告是直播主的主要收入來源，遊戲直播主也是目前在 YouTube 上最賺錢的操作模式之一，例如電競賽事不只是專業賽事，同時也被視為是種很受歡迎的娛樂節目，最容易爆紅的方式就是利用直播平台來行銷，讓許多原本關在小空間或是展場中發生的實況花絮，臨場呈現在全世界的玩家前，而且沒有技術門檻，只要有手機和網路就能輕鬆上手。許多玩家利用遊戲實況直播分享自己的打怪心得和實戰經驗，27 歲的加拿大籍中韓混血青年 Evan Fong 在 YouTube 上面光是介紹電玩與過關密技，年收入就高達 5 億台幣以上。

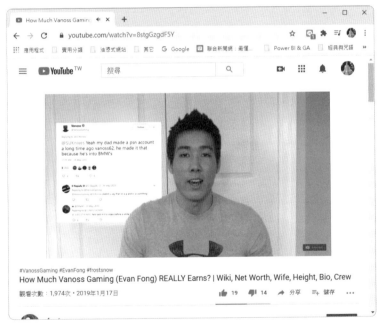

◎ YouTuber Evan Fong 年收入就高達 5 億台幣

YouTube 直播超夯搶錢心法

直播成功的關鍵在於創造真實的內容，手段在於「展示」而非「推銷」，不僅能拉近品牌和消費者之間的距離，更顛覆了傳統行銷思維，增進品牌的透明度，帶來了更大的品牌聲量與銷售量。雖然直播主與觀眾有直接的即時互動，也不代表你可以隨意的擺放鏡頭就開拍，首先要有專業的經營技巧及強烈個人特色，事前必須想清楚節目腳本，跟拍攝微電影一樣需要有前期構思，有些很不錯的直播內容都是環繞著特定產品或是驚人事件，例如將產品體驗開箱拉到實況平台上，可以更真實的呈現產品狀況。每個人幾乎都可以成為一個獨立的電視頻道，讓參與的粉絲擁有親臨現場的感覺，也可以帶來瞬間的高流量。

◉ 星座專家唐綺陽靠直播贏得廣大星座迷的信任

在 YouTube 上進行直播是與受眾即時互動的最好方式，因為即時性的限時感，直播也是一個容易讓消費者付諸行動的最佳方式。根據統計，比起預錄影片，直播所帶來的人氣往往多出 3 倍，各位不用花太多時間加工剪輯，就可以創造出不錯的影音行銷內容。各位要在 YouTube 上進行直播，基本上有三種方式：「行動裝置」、「網路攝影機」、「編碼器」。其中以網路攝影機和行動裝置最適合初學者來使用，因為不需要太多的設定就可以馬上直播，而進階使用者則可以透過編碼器來建立自訂的直播內容。

各位可以依照品牌帳戶的狀況來選擇適合的其中一種直播方式。直播之前最好預先規畫你的直播內容，特別要記得長久經營自己的品牌，呈現出來

的作品必須有創意，也可在事前透過不公開或私人直播的方式預先測試音效和影像效果，這樣可以讓你在直播時不會心有旁鶩。另外在直播前，當然必須預先讓粉絲們知道你何時要開始直播。

如果你是第一次進行直播，那麼在頻道直播功能開啟前，必須先前往 youtube.com/verify 進行驗證。這個驗證程序只需要簡單的電話驗證，然後再啟用頻道的直播功能即可。驗證方式如下：

01
1. 輸入要驗證的網址
2. 設定提供驗證碼的方式
3. 輸入個人手機號碼
4. 按下「提交」鈕

02
1. 從你的手機中將簡訊傳送過來的 6 位數驗證碼輸入
2. 按下「提交」鈕

03
顯示 YouTube 帳戶已完成驗證

完成驗證程序後，只要登入 youtube.com，並在右上角的「建立」鈕下拉選擇「進行直播」即可。第一次直播時，畫面會出現提示，說明 YouTube

將驗證帳戶的直播功能權限，這個程序需要花費 24 小時的等待時間，等 24 小時之後就能選擇偏好的 YouTube 直播方式。

此外，直播內容必須符合 YouTube 社群規範與服務條款，如果不符合要求，就可能被移除影片，或是被限制直播功能的使用，如果直播功能遭停用，帳戶會收到警告，並且 3 個月內無法再進行直播。

行動裝置直播

目前越來越多銷售是透過直播進行，主要訴求就是即時性、共時性，這也最能強化觀眾的共鳴，特別是利用行動裝置上來進行直播。由於行動裝置攜帶方便，隨時隨地都可進行直播，記錄關鍵時刻或瞬間的精彩鏡頭是最好不過了。不過以行動裝置進行直播，頻道至少要有 1000 人以上的訂閱者，且訂閱人數達標後，還需要等待一段時間，才能取得使用行動裝置直播權限。另外，你的頻道需要經過驗證，且手機必須使用 iOS 8 以上的版本才可使用。

各位要在 YouTube 進行直播，請於頻道右上角按下 ▭ 鈕，出現左下圖的視窗時，點選「允許存取」鈕。

1. 按下此鈕

2. 點選「允許存取」鈕

由於是第一次使用直播功能，所以用戶必須允許 YouTube 存取裝置上的相片、媒體和檔案，也要允許 YouTube 有拍照、錄影、錄音的功能。

當各位允許 YouTube 進行如上的動作後，會看到「錄影」和「直播」兩項功能鈕，如下圖所示。

點選「直播」鈕後，還要允許應用程式存取「相機」、「麥克風」、「定位服務」等功能，才能進行現場直播，萬一你的頻道不符合新版的行動裝置直播資格規定，它會顯示視窗來提醒你，不過你還是可以透過網路設定機或直播軟體來進行直播。

網路攝影機直播

當你擁有 YouTube 頻道，就可以透過電腦和網路攝影機進行直播。利用這種方式進行直播，並不需要安裝任何應用程式，而且大多數的筆電都有內建攝影鏡頭，一般的桌上型電腦也可以外接攝影機，所以不需要特別添加設備。網路攝影機很適合做主持實況訪問，或是與粉絲互動。

各位要在電腦上使用網路攝影機進行直播，請先確定 YouTube 帳戶已經通過驗證，接著由 YouTube 右上角按下 ▐◄ 鈕，下拉選擇「進行直播」指令，經過數個步驟後，你會看到如圖的畫面，請耐心等待一天的時間後，再進行直播的設定。

顯示要等 24 小時後才可準備就緒

經過 24 小時的準備時間後，帳戶的直播功能就可以開始啟用。請將麥克風接上你的電腦，再次由 YouTube 右上角按下 鈕，下拉選擇「進行直播」指令，並依照下面的步驟進行設定。

1. 按此鈕　　2. 下拉選擇「進行直播」指令

選此項準備開始直播

03

點選此項使用
目前的網路攝
影機

04

按「允許」鈕
允許 YouTube
存取麥克風和
攝影機的功能

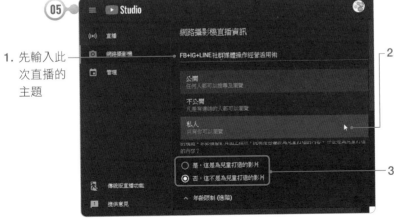

05

1. 先輸入此
次直播的
主題

2. 下拉先將
「公開」
改為「私
人」，方
便只有你
可以瀏覽

3. 設定內容
是否為兒
童所打造

06

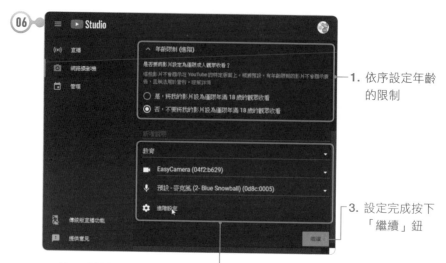

1. 依序設定年齡
   的限制

3. 設定完成按下
   「繼續」鈕

2. 按下「其他選項」鈕會看到如圖的選項，可設定影片
   類型，「進階設定」可設定是否允許即時留言，或是
   影片含有付費的宣傳內容

按此鈕可上傳自訂的縮圖

07

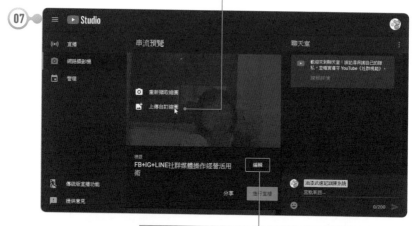

按「編輯」鈕將回到原視窗設定網路攝影機直播資訊

1. 點選圖片縮圖

2. 按下「開啟」鈕

按此鈕開始進行直播

1. 開始直播後，會在上方看到「直播中」的
   文字，同時顯現直播時間與觀眾數目

2. 直播完成按此鈕結束直播

直播結束後，只要影片完成串流的處理，你就可以在「影片」類別中看到已結束直播的影片。如下圖示：

1. 切換到「影片」

2. 剛剛直播的影片顯示在此

在「直播影片」的標籤中，只要你將滑鼠移入該影片的欄位，就可針對直播的詳細資訊、數據分析、留言、取得分享連結、永久刪除…等進行設定。

編碼器直播

編碼器能從電腦、攝影機、麥克風等來源裝置擷取素材，再上傳到 YouTube 直播，對於遊戲畫面、運動賽事、演唱會、音樂會等都很適合，因為它可以重疊畫面，讓畫面更豐富多變。在直播軟體中較知名且較多人使用的就是 OBS 軟體（Open Broadcaster Software），OBS 是一套免費且開放原始碼的錄影與串流直播軟體，可支援 Windows、macOS、Linux 等作業系統。

加入的來源素材可透過紅色框線來調整比例大小

◎ OBS 軟體直播軟體的視窗介面，可將多個來源畫面整合在一起

這套軟體的設定功能大致上可以在「檔案」功能表的「設定」指令中找到，各位可針對「串流」、「輸出」、「音效」、「影像」四個區塊來進行設定。

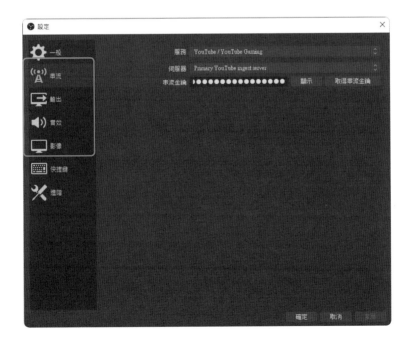

在「串流」類別中，服務的部分可以下拉選擇「YouTube/ YouTube Gaming」，伺服器為「Primary YouTube ingest server」，至於「串流金鑰」可按下後方的「取得串流金鑰」鈕，點進去後再從「編碼器設定」的區塊中，將「串流名稱 / 金鑰」複製後，貼入「串流金鑰」的空白欄位中，按下「套用」鈕就可設定完成。

在「輸出」類別中，影像位元率可設為 6500，畫面看起來會非常平順。「編碼器」可選擇「硬體編碼」。至於「影像」部分，你可以自行設定來源與輸出的解析度，而「常用 FPS」的預設值為「30」，如果希望遊戲畫面能夠非常的順暢，可將數值設置到「60」。

當這些基本的設定都設定好之後，從視窗左下方的「場景」和「來源」兩個欄位就可以按下「+」鈕來增設場景和各種的擷取來源，而擷取畫面出現後還可透過紅色的外框線來調整畫面的大小，不想被看到的部分也可以透過眼睛圖示來將畫面隱藏。

由於 OBS 軟體的功能相當強大，設定的來源相當多樣化，有興趣的人請自行下載軟體來試用看看！

🔴 魔鬼就在細節裡 - 頻道數據分析

根據研究指出，目前以影音為主的 YouTube 和其他社群平台比起來有更高的投資報酬率，這也是目前網路行銷人員特別重視這個平台的原因。成功的直播曝光是伴隨著不同的決定因子，例如當各位要規劃一個成功的直播，一定得先了解你的粉絲特性，除了做影片之外，還得要面對網路上各種聲音，想辦法讓粉絲與陌生訪客愛上你的頻道或特質，包括事先規劃好主題、內容和直播時間，在整個直播過程中，還必須讓粉絲不斷保持著「what is next？」的好奇感，讓他們去期待後續的結果，才有機會抓住最多粉絲的眼球，進而達到翻轉行銷的能力。

社群行銷會被視為一門科學，正是因為能數據化，經營頻道的重要性，並不僅在於強化粉絲黏著性，也在於日後可以獲得更多數據，因為網紅起落的趨勢變化迅速，對觀眾來説也許只是一個收視習慣與日常消遣，然而在背後其實眾是多 YouTuber 與品牌的一級戰場。各位千萬不要用自我感覺判斷，而是要用真實的數據主導決策！

例如 YouTube 提供「頻道數據分析」的功能，能反映頻道的發展脈動，了解觀看流量從哪裡來與本身數據分析來源，才會知道下一步該放什麼樣的資源去優化，讓頻道主洞察頻道的成效與趨勢，了解影片的觸及率、觀眾使用時段、年齡 / 性別、觀看區域…等資訊，分析觀眾組成結構並投其所好，讓擁有者快速掌握各項指標，可以有效提高影片被觀眾發現的機會，作為將來行銷或品牌宣傳的依據與改進方針。

在 YouTube 頻道是否具備人氣，最簡單就是看兩個指標，一個是頻道本身的「訂閱數」，另一個就是影片的「觀看數」。例如影片的觀看人數如果較多，表示這個廣告會吸引潛在客戶的注意，因為它直接反映出「這部影片的內容是否吸引人」，較高的觀看率能夠讓你的廣告贏得較多的廣告競標和較低觀看費用外，這也意味著店家可以用較低費用來吸引更多的觀看次數。

相對於「訂閱數」，影片的「觀看數」幾乎能與帶來的收益成正比，不過「訂閱數」會是個決定每位 YouTuber 市場地位的關鍵。因此還必須時常針對較

熱門的影片，YouTuber 也可以進行小幅度的修改，像是變更標題、添加號召性的用語、或增刪部分影片內容，以這樣的方式所製作的廣告，不但影片能確保影片有較高的觀看率，而觀眾也不至於對相類似影片失去新鮮感。

「頻道資訊主頁」的秘密

「頻道資訊主頁」主要顯示最新影片的成效、最新留言、頻道數據分析、近期訂閱者…等資訊，讓擁有者可以快速掌握頻道的概括情況。要進入頻道資訊主頁，請進入「您的頻道」後，由頻道上方按下 YOUTUBE 工作室 鈕就可進入，各位可以使用這個分頁快速掌握整個頻道或個別影片的主要統計資料。

點選此鈕

顯示頻道資訊主頁的內容

⟲ 檢閱觀看次數排名

在此頁面中，如果你想知道近期上傳的影片中那些比較熱門，只要將滑鼠移到「依觀看次數排名」右側的 ˃ 鈕，就能立即顯示如下圖所示的排名清單。

1. 滑鼠移入此鈕

2. 顯示瀏覽者觀看的成效

⟲ 與一般成效做比較

在觀看次數、曝光點閱率、平均觀看時間長度方面，除了數值與箭頭能夠直接呈現影片的成效外，只要將滑鼠移入該區塊，就會立即顯示如下的快顯視窗供你做參考，例如新頻道不需特別在意曝光次數多寡，只有經營夠久，曝光量一定會增加。

各位如果想要成功經營 YouTube 頻道，最重要必須設法吸引觀眾收看。YouTube 的「頻道數據分析」提供「總覽」、「觸及率」、「參與度」、「觀眾」等四種報表，透過這些報表的分析，你可以更清楚的掌握頻道與觀眾互動的整體成效。請從左側按下「數據分析」 📊 鈕，就能進入「頻道數據分析」的頁面。

2. 顯示頻道數據分析的頁面

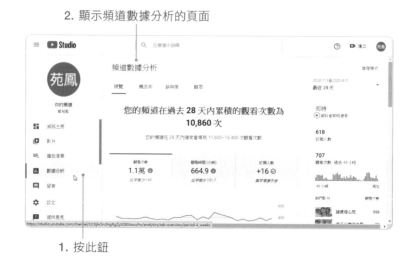

1. 按此鈕

📹 總覽數據的功用

在「總覽」的報表中，你可以查詢到過去 28 天內所累積的觀看次數、這段期間的熱門影片、訂閱人數、熱門影片 / 最新影片的觀看數與觀看時間等資訊。

滑鼠移入會顯示如圖的說明，讓你可以進行資訊的判斷

點選影片縮圖，還能更深入了解該影片的觀看時間、觀眾續看率、喜歡的比例、曝光次數、曝光點閱率、流量來源、觀看次數最高的地區…等資訊

了解各影片的平均觀看時間和百分比例，你可以試著將重要資訊盡量放置在影片的前半部，或是在熱門影片中加入資訊卡或頻道訂閱鈕，讓更多人有機會來訂閱你的頻道。由於這些資訊都是即時更新的資料，擁有者可以更清楚的掌握資訊，除此之外，想要指定統計分析的日期也可以辦得到喔！如右下圖所示：

預設顯示最近 28 天的數據分析，也可以自行指定統計分析的日期範圍

滑鼠移入可知道更確切的時段與觀看次數

🎥 觸及率的眉角

在「觸及率」的標籤中，你可以查看頻道整體的觸擊率，也就是所有影片在 YouTube 上的曝光次數、曝光點閱率、觀看次數、非重複觀看的人數等圖表。

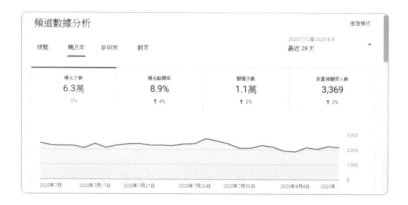

除此之外，你可以深入了解流量來源的類型，也可以清楚知道曝光次數和對觀看時間的影響。尤其是流量來源，不管來自於外部、播放清單、建議的影片、或是 YouTube 搜尋，了解流量的主要來源就能針對主要來源和欠缺的部分進行加強。

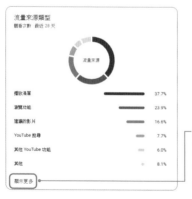

按下「顯示更多」鈕可看到更多更細微的資訊

在很多欄位下方，各位會看到「顯示更多」的超連結文字，點選該超連結文字會進入下圖的視窗，你可以針對影片、流量來源、地理位置、觀眾年齡、觀眾性別、日期、訂閱狀態…等各種方式來進行查閱或篩選。

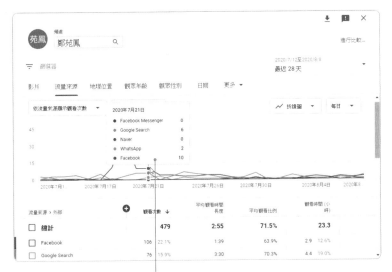

滑鼠移入可看到更多資訊

參與度的面向

想知道觀看者所觀看的總時數，或是平均觀看的時間長度，你可以在「參與度」的標籤中查看的到哪些是熱門的影片？哪些結束畫面點擊次數最高？哪些是點擊次數最高的結束畫面元素類型？哪些是成效最佳的資訊卡？都可以在此深入了解，讓你針對觀眾有興趣的畫面元素和資訊卡來做增強的動作。

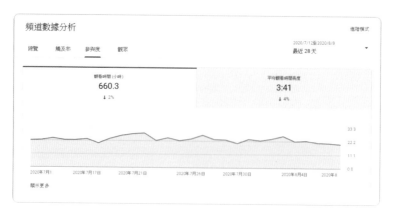

觀眾資訊的意義

各位想要知道觀眾是否會重複觀看你的影片、每個觀眾平均觀看的次數、觀眾使用 YouTube 的時段、訂閱者接收你通知的比例、訂閱者觀看的時間、觀看次數最高的地區、觀眾年齡層與性別…等資訊，在「觀眾」的標籤中可以查看得到。這些資訊將是你購買廣告時的參考依據，讓你精確的將廣告預算鎖定在目標受眾。

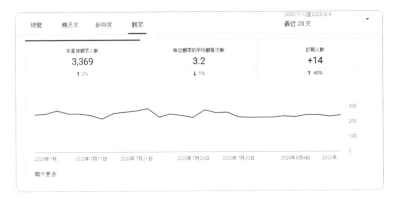

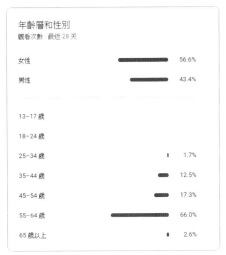

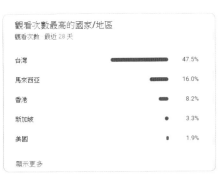

📹 輕鬆匯出數據分析

對於 YouTube 所提供的頻道數據分析，不管是整體的資料或是單一影片的資訊，都可以將這些資訊匯出，方便與行銷人員進行討論或規劃宣傳方針。想將資料匯出，可依照以下方式進行。

1. 點選「數據分析」的類別   2. 按下「進階模式」鈕

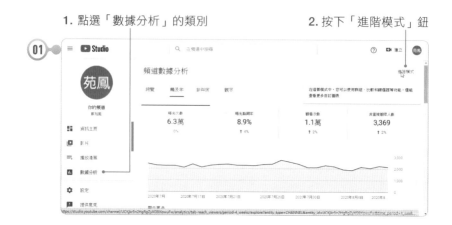

按此鈕匯出目前畫面

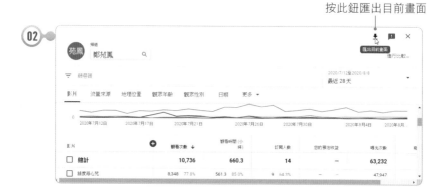

點選此項

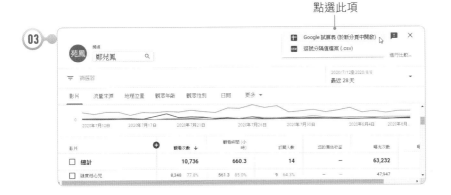

自動以 Google 試算表顯示匯出的資料

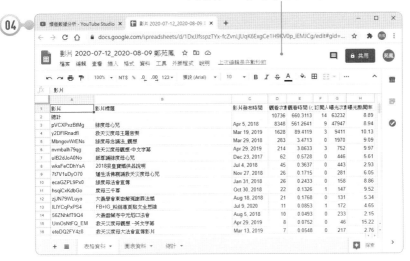

MEMO

CHAPTER

觸及率翻倍的社群交叉
行銷與 SEO 爆紅密笈

社群整合行銷最強攻略

IG 與 FB 雙倍行銷

YouTube 影片分享魔術

YouTube 影片分享到 IG Direct

流量換現金的 SEO 與社群行銷

Instagram 不能說的 SEO 秘密

YouTube SEO 私房銷售神技

▌ ▶▌ ◀▏ 0:20 / 3:00   ⚙ ▣ ▢ ⌞⌝

👍 5   👎 0   ➤ 分享   儲存   ⋮

現代人已經無時無刻都與社群緊密連結一起，社群能給一群有共同價值主張與趣味的人建立情感，也是用戶大量聚集的地方，通常用戶都可能擁有不同社群網站的帳戶，只是連結的型式和平台不斷在轉換。行銷的本質就是「連結」，對於不同受眾來說，需要以不同平台進行推廣，因為平台的流量轉移，讓行銷人需要盯緊去跟隨，如果能先預判而規劃，就有機會創造更多的粉絲。

社群行銷的過程好比是一系列用戶參與的精彩經驗，建立一個高素質的品牌社群帳號，無疑對流量與銷售都是一大潛在助力。特別是在社群平台百花齊放的時代中，社群媒體演算法不停在改變，也大大降低了觸及率，因此透過社群平台間的互相連結與交叉推廣的方式，能讓用戶討論熱度和延續的時間更長。小編們可以嘗試在不同社群網站都加入會員，每次新文章或影片新上架時，總要到各大平台去宣傳，讓粉絲常常會停下來看到你的訊息，透過貼文的按讚和評論，來增加每個連結的價值，因為唯有連結，才能鍊結，一旦鏈結建立的很成功，價值才會進一步「轉換」成現金，讓潛在用戶產生實際的轉換，成為真正帶來訂單的消費者。

▶ 社群整合行銷最強攻略

大多數品牌在初次嘗試社群經營時，沒有那麼多時間與資源投入，因此主要會根據主要目標客群的喜好，先行選擇一個平台來開始耕耘，等到基礎穩固，再搭配拓展至更多平台。因為社群行銷，本來就不應該只侷限於單一社群，每個平台都有它獨一無二的特質，多元社群互相整合會大量曝光在目標客群眼中，進而帶來更多點擊與分享。因為社群之中，單獨個體不

重要，個體之間的關係與連結方式更重要，不同平台才能照顧到不一樣的客群，更需確認內容是否能抓住不同潛在客群的喜好與胃口。

◎ YouTube 影片也能分享至 FB 或 IG 上

YouTube、Instagram、Facebook 是三個目前最熱門的社群行銷平台，隨著功能與定位不同，三大平台各自充滿不同商機與機會，各位小編們想在各大品牌競爭下脫穎而出，跨多個社群交叉發佈和推廣行銷訊息是增加行銷力道外展的重要一步，更重要是必須結合三大社群的視覺化內容略是關鍵。例如 YouTube 作為台灣使用者首選的影音平台，年輕人每天進行大量的視覺化溝通，並透過影像探索世界，影片主題五花八門，唯有讓觀眾有共鳴才能勝出，絕對是品牌進行溝通的重要管道。Facebook 則是以社群功能著稱，可以撰寫長篇的貼文、上傳影片、評論、針對不同訊息做出不同的回饋，廣泛地連結到每個人生活圈的朋友跟家人，堪稱每個人都會路過的國民平台，而且目前仍是台灣最大直播戰場。

◎ 星巴克經常在 IG 上推出年輕人喜愛的圖片

至於使用 Instagram 的受眾跟 Facebook 有年齡與內容上的差距，基本區分方式是以年齡區分：25 歲以上為 FB 族群；以下則多為 IG 族群，因為 Instagram 是原生的手機應用為主的社群，強調影像式的原生內容（不是透過 YouTube 連結，要直接上傳原生檔案），首重視覺衝擊第一，產品本身的無限想像都能經過創意展現傳達給消費者，平台介面設計與風格也非常有利於品牌培養忠實粉絲，時下年輕人逐漸將重心轉移至 Instagram，使其成為品牌行銷的必備利器。

由於社群媒體是目前最頻繁與人互動的接觸點，社群行銷基礎便在於人，因此自然會因為用戶習性改變而產生族群遷移，當社群平台擁有更廣泛與創新的內容來源，如何利用交不同社群間交叉連結與整合推廣的作法，就是一個最聰明的行銷策略。在消費者注意力分散的時代下，店家或品牌要做好行銷，一定要從三大社群下手，多管道進行才能有機會讓更多人看到你，並依照各個社群媒體的特性，調整貼文內容，同時別忘了在貼文中建立連結，才是維持用戶活躍度與開發潛在客戶的致勝關鍵。

▶ IG 與 FB 雙倍行銷

在 Facebook 收購 Instagram 以後，兩個平台之間也開始共享用戶的資訊，讓行銷業者能更一兼兩顧。由於 Facebook 和 Instagram 兩大社群各擁有不同年齡層的用戶，FB 使用者多數還是習慣以文字做為主要溝通與傳播媒介，功能上轉為媒體平台，IG 世代的影音與圖像是主要溝通方式，最不可或缺的重點就是使用圖像素材來包裝商品或服務，圖像說故事能力會是最大關鍵，長處是抒發心情與經營個人風格。

各位小編不論是想要導購帶來流量、增加粉絲人數、建立品牌形象，或者想要用最省時省力的方式串接 IG 與 FB，一網打盡兩個平台主要客群與未來的客群，除了用戶族群差異，由於使用工具不同，思考邏輯也完全不同，建議店家可以先從 FB 粉絲專頁作為流量開口，還需要密切注意哪種類型的

貼文能吸引用戶眼球與獲得點擊機會，流量來自粉絲，粉絲和品牌間會有認同感，同時別忘了在貼文中建立連結，這裡提供幾個方式供各位參考：

用心回覆訪客貼文是提升商　　利用 Watch 影片可以更貼
品信賴感的方式之一　　　　　近顧客或與顧客互動

◎ 桂格營養生活的 FB 粉絲專頁經營就相當成功

FB 加入 IG 社群鈕

各位經營 IG & FB 時會發現兩者使用族群雖有重疊，但本質上並不互相衝突，讓兩大平台充滿不同商機與機會，以經營人脈的角度經營社群時，Facebook 上則包含老中青三個世代，IG 對於人脈拓展的幫助並不大，Facebook 比起 Instagram 是個更好的選擇。在個人的 Facebook 中想要加入自己的 Instagram 社群按鈕並不困難，請在個人臉書上按下「關於」標籤，切換「聯絡和基本資料」類別，接著按下右側欄位中的「新增社交連結」連結，即可輸入個人的 IG 帳號，最後按下「儲存變更」鈕儲存設定。

1. 按下「關於」標籤

2. 點選「聯絡和基本資料」　　**3.** 按下「新增社交連結」

1. 輸入個人的 IG 帳號　　**2.** 按此鈕進行儲存

設定完成後，其他人從 FB 上搜尋你的名字時，就可以在左側的「簡介」上看到你的 IG 按鈕，直接按於 IG 按鈕就可連結到你的 Instagram 帳號。

IG 按鈕顯現於此，可直接連結到你的 IG 帳號

你也可以將多個 IG 帳號連結至你的臉書個人檔案，連結之後系統就會通知你的臉書朋友中有使用 IG 的朋友，讓他們知道你也有使用。

新增 IG 帳號到 FB 粉專

如果想從手機上將 Facebook 的粉絲專頁與 Instagram 帳戶相互連結，以便觸及更多社群成員並取得更多的功能，那麼可以透過專頁小助手來啟動連結。當你將 FB 粉絲專頁與 IG 帳號連結後，能針對貼文內容、廣告、洞察報告、訊息、留言、設定和權限等進行管理，集中管理後的收件匣，不管是粉絲專頁管理員、編輯、版主，都可以在收件匣中管理留言和 Direct 訊息，管理者 / 編輯 / 版主等只要登入已連結粉絲專頁的 IG 帳戶，就能分享 IG 貼文至粉絲專頁上，從 IG 也能新增粉絲專頁的限時動態。

除此之外，粉專管理人員也可以在 Facebook 的「聯絡人」標籤查看和管理顧客的 IG 聯絡資料，讓管理者能夠更輕鬆省力的與顧客相互交流，從容掌握重要訊息。粉絲專頁的管理者如果要連結 FB 粉專和 IG 帳戶，請先啟動 Facebook 應用程式，切換到「專頁小助手」■ 標籤後，點選你所管理的粉絲專頁名稱，從粉絲專頁右上角按下「設定」✿ 鈕使進入「設定」視窗。

從「設定」視窗中點選「Instagram」選項，當出現如右下圖的視窗時，請按下「連結帳戶」鈕。

接著顯示你的帳戶名稱，確認帳戶身分後按下藍色按鈕繼續，就能完成 IG 帳戶與粉絲專頁的連結。

帳戶進行連結後，FB 的粉絲專頁的收件匣就會開始接收和顯示 IG 留言，你可以直接在電腦版上回覆所有的詢問，節省管理的時間。

粉絲專頁的「收件匣」可同時查看所有訊息，包括：Messenger、Instagram Direct、Facebook、Instagram 等，與粉絲的任何互動都不會錯過

IG 限時動態分享至 FB

如果你是以 IG 為主要的行銷管道，行銷著重於打造令人嚮往的品牌形象，那麼也可以將 IG 限時動態和貼文的內容同時分享到臉書，這樣的社群平台結合，能讓消費者討論熱度延續更長的時間。而且讓這些社群相互連結後，一旦連結的很成功，「轉換」就變成自然而然，如此一來就能增加網站或產品的知名度，大量增加商品的曝光機會。

在 Instagram 發佈的貼文也能同步發佈到 Twitter、Tumblr、Amerba、OK.ru 等社群網站，手機上只要在「設定」頁面中點選「帳號」，接著再選擇「已連結的帳號」，就會看到左下圖的頁面，同時顯示你已設定連結或尚未連結的社群網站。

對於尚未連結的社群網站，只要你有該社群網站的帳戶和密碼，點選該社群後輸入帳號密碼，就能進行授權與連結的動作，這樣在做行銷推廣時，不但省時省力，也能讓更多人看到你的貼文內容。萬一不想再做連結，只要點選社群網站名稱，即可選取「取消連結」的動作。

當你從 IG 連結到其他社群網站後，你還可以針對偏好進行設定。以 Facebook 為例，當你完成 FB 的連結，並按點選該網站（如左上圖所示），就會進入「Facebook 選項」的頁面，如果你有多個粉絲專頁，可以在此選擇要分享的個人檔案或粉絲專頁。另外在「偏好設定」部分，開啟「將限時動態分享到 Facebook」和「分享貼文到 Facebook」兩個選項，就能自動將你的相片和影片分享到臉書囉！

此外，在粉絲專頁的「設定」頁面中點選「Instagram」選項，你可以直接在右下圖的視窗中啟動和查看個人的 Instagram 內容，如果想要移除兩帳戶的連結，直接按下

指定要分享的粉絲專頁或個人頁面

「取消連結」鈕即可。取消連結後，大部分共享的資料會從平台上移除，像是 Facebook 會移除 IG 的洞察報告以及收件匣中的留言和訊息。

按此進入個人的 Instagram 社群

按此鈕取消粉專與 IG 連結

IG 貼文分享到 FB

如果你剛剛才學會將 IG 和 FB 兩個社群做連結，那麼以前在 IG 上發表的貼文要如何貼到臉書上呢！其實很簡單，只要在 IG 上點選已發布的貼文，由右上角按下「選項」鈕，就能依照以下的方式進行分享。

目前 Facebook 和 Instagram 的結合越來越密切，當你將 IG 的貼文分享到臉書後，由「設定」視窗點選「開啟 Facebook」指令就可以馬上開啟臉書。如下圖所示：

▶ YouTube 影片分享魔術

「視覺」是當今年 Y 世代喜愛獲取資訊的主流型態，因為影音內容能帶來場景體驗，幫助驅動消費，眼見影音平台越來越夯，所謂「流量即人潮，人潮就是錢潮」，YouTube 與 FB、IG 之間最大的差異在於經營模式。對大多數店家而言，如果想要藉由影片帶來更多的流量，第一個想到的多半是 YouTube，因為 YouTube 的用戶首先都是以「搜尋」或接受推薦的方式去找到自己想要的訊息，FB 與 IG 多半是透過朋友圈和主題標籤進行擴散，對其他接受擴散訊息的用戶不見得真正有需求。雖然 YouTube 平台特性不見得能夠讓你的影片流量馬上一飛沖天，但只要找到擅長主題，特別是下好關鍵字，你的影片內容肯定會有潛移默化的長期價值。

根據網路統計，通常在 FB 看影片的多半是路過客，但會願意留在你 YouTube 的肯定是忠實鐵粉，也就是說，如果店家想增加品牌印象和與未來潛在消費者之間的連結，YouTube 肯定是你不可遺漏的重要平台。例如美妝品牌影片能夠「代為體驗」直接做產品開箱與試色，是因為消費者在購買商品之前，都會想先透過影片「體驗看看」，創造貼近粉絲用戶的「嘗鮮感」。

◎ YouTube 很適合做產品開箱體驗

YouTube 也可以看成是一種宣傳的平台，影片不僅要吸引眼球，最重要的是要引導訪客進入店家的電商網站，因為真正的產品與服務都在官網裡，因此導流相對重要，社群行銷的首要目標就是掌握受眾的輪廓與軟肋，導流至合適銷售官網，而使用 YouTube 影片最強大的功能就是導流。

當你將自製的宣傳影片上傳到 YouTube 品牌帳戶後，會讓更多人有機會觀看到你的影片，YouTube 影片行銷是持久戰，不妨加把勁透過 YouTube 提供的「分享」功能來進行分享。在此我們還要特別說明，對於店家直接上傳到 FB 的影片，稱為「原生影片」，如果是從 YouTube 的影片，分享到 FB，就會被歸類為「連結」，對於 FB 的演算法來說，原生影片的曝光度會比連結影片高。

⊙ 直接上傳到社群的影片，稱為原生影片

YouTube 可以讓影片透過轉發 Facebook、Instagram 導流圈粉，或者透過電子郵件方式將影片分享出去。例如對 YouTuber 網紅們來說，最基本的自然是把 IG 上的粉絲導向到 YouTube 平台上，才能透過 YouTube 平台分潤機制獲得更可觀的收入。

📹 YouTube 影片分享到 FB

以下為各位說明如何透過桌上型電腦分享 YouTube 影片至 Facebook 的方式，特別注意的是，分享至 Facebook 的管道相當多，你可以直接分享到臉書的「動態消息」和「限時動態」，而分享的範圍可以選擇公開或是限定朋友。另外，也可以指定分享到你所管理的粉絲專頁、社團、活動、或是分享到朋友的動態時報。透過不同分享範圍的選定，就能大大提高 YouTube 影片的觸及率，增加影片被臉書朋友的點閱機會。

1. 開啟頻道上的影片

2. 按下「分享」鈕

按此鈕可以切換到更多的社群軟體

點選要分享的社群軟體，如 Facebook

1. 由此下拉可以選擇分享到動態消息、限時動態、社團、活動、粉絲專頁，或是以個人訊息分享

2. 由名字下方可輸入你要推廣的宣傳文字

勾選此二項可同時分享到 FB 的動態消息與限時動態

3. 這裡設定那些人可以看到這篇動態消息的貼文

4. 按此鈕發佈到 Facebook

影片已分享至臉書上

▶ YouTube 影片分享到 IG Direct

隨著消費者對手機的黏著度攀升，符合單手操作手機習慣的直立式影片日漸增加。店家想要快速增加品牌曝光跟提升粉絲數量，只要透過智慧型手

機,就可以輕鬆地將 YouTube「品牌帳戶」、頻道上的「影片」或是「播放清單」分享到 IG Direct 上,讓 IG 上的朋友可以馬上收到影片連結或看到你的影片播放清單。

我們知道「影音視覺」是當今年輕世代喜愛獲取資訊的型態,要在 Instagram 上發佈影片的話,影片長度是有限制,首先請進入你的品牌帳戶,並切換到「您的頻道」會看到如左下圖的畫面。

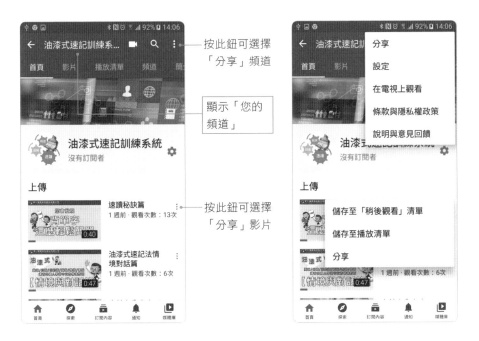

按此鈕可選擇「分享」頻道

顯示「您的頻道」

按此鈕可選擇「分享」影片

同樣地,切換到「播放清單」標籤後,點選「選項」鈕,也可以選擇「分享」播放清單。如下圖所示:

選擇任一種的「分享」指令，你會看到如左下圖的「分享」畫面，點選「Direct」鈕進入「傳送對象」的畫面，就可以按下任一個 傳送 鈕傳送給朋友。

透過這樣的方式，你的 IG 朋友就可以收到影片的連結，或是 YouTube 播放清單的網址了。

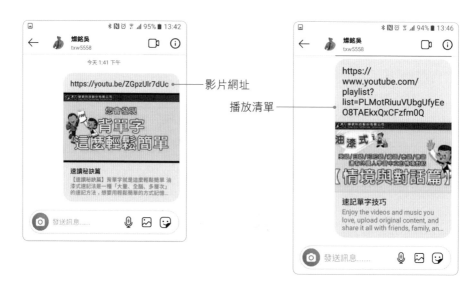

📹 YouTube 影片嵌入店家官網

假如你是店家或品牌官網的管理者,想將 YouTube 粉絲引導至電商平台,可以將頻道上的影片嵌入到官方網站上,請將 YouTube 提供的程式碼直接複製後,再到管理的網頁上將程式碼貼入即可。通常嵌入式的播放器的視口必須至少 200 像素 x 200 像素,如果是 16:9 的播放器,則寬度至少要 480 像素,高至少要 270 像素。如果要複製程式碼,可透過以下方式進行複製。

在影片下方按下「分享」鈕

按下「嵌入」鈕

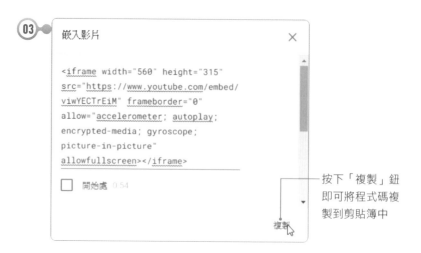

按下「複製」鈕
即可將程式碼複
製到剪貼簿中

進行程式碼複製前，你還可以設定嵌入的選項，包含是否要「顯示播放器選項」以及「啟用隱私權加強保護模式」。勾選與否程式碼就會跟著變動，屆時再按「複製」鈕複製程式即可。

流量換現金的 SEO 與社群行銷

大眾想要從浩瀚的網際網路上，快速且精確的找到需要的資訊，入口網站經常是進入 Web 的首站。入口網站通常會提供各種豐富個別化的搜尋服務與導覽連結功能。其中「搜尋引擎」便是各位的最好幫手，目前網路上的搜尋引擎種類眾多，而最常用的引擎當然非 Google 莫屬。由於資訊搜索是上網瀏覽者對網路的最大需求，除了一些知識或資訊的搜尋外，而這些資料尋找的背後，經常也會有其潛在的消費動機或意圖，Google 不僅僅是個威力強大搜尋引擎，Google 搜尋趨勢能讓我們瞭解受眾當下的關注目標。

⊙ Google 是全球最大的搜尋引擎

網站流量一直是數位行銷中相當重視的指標之一，而其中一種能夠相當有效增加流量的方法就是「搜尋引擎最佳化」（Search Engine Optimization, SEO），根據統計調查，Google 搜尋結果第一頁的流量佔據了 90% 以上，第二頁則驟降至 5% 以下。搜尋引擎最佳化（SEO）也稱作搜尋引擎優化，是近年來相當熱門的網路行銷方式，也就是一種讓網站在搜尋引擎中取得 SERP 排名優先方式，終極目標就是要讓網站的 SERP 排名能夠到達第一。

◎ Search Console 能幫網頁檢查是否符合 Google 搜尋引擎的演算法

TIPS SERP（Search Engine Results Pag, SERP）是使用關鍵字，經搜尋引擎根據內部網頁資料庫查詢後，所呈現給使用者的自然搜尋結果的清單頁面，SERP 的排名是越前面越好。

搜尋引擎運作原理

現代社會大家都會使用網路，也幾乎所有的資料都可以在網路上找到，隨著搜尋引擎演算法和服務方式（圖片、視頻搜尋出現），搜尋引擎搜尋的內容正不斷增加與創新，各位可能會疑惑搜尋引擎為什麼如此神通廣大？通常搜尋引擎所收集的資訊來源主要有兩種，一種是使用者或網站管理員主

動登錄，一種是撰寫網路爬蟲程式主動搜尋網路上的資訊，例如 Google 的 Spider 程式與爬蟲（crawler 程式），會主動經由網站上的超連結爬行到另一個網站，並收集該網站上的資訊，並收錄到資料庫中。

Google 搜尋引擎平時的最主要工作就是在 Web 上爬行並且索引數千萬字的網站文件、網頁、檔案、影片、視訊與各式媒體。請注意！當開始搜尋時主要是搜尋之前建立與收集的「索引頁面」（Index Page），不是真的搜尋網站中所有內容的資料庫，並且根據頁面關鍵字與網站相關性判斷，最後的列表方式是由搜尋者最有可能想得到的結果來擺放，一般來說會由上而下列出，如果資料筆數過多，則會分數頁擺放。網路上知名的三大搜尋引擎 Google、Yahoo、Bing，每一個搜尋引擎都有各自的演算法（algorithm）與不同功能，網友只要利用網路來獲得資訊，大家所得到的資訊就會更加平等，搜尋引擎經常進行演算法更新，都是為了讓使用者在進行關鍵字搜尋時，搜尋結果能夠更符合使用者目的。

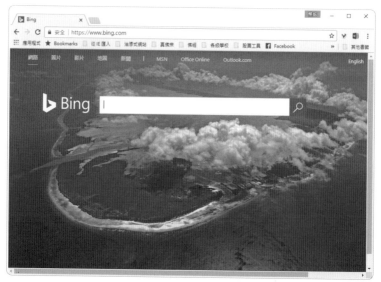

◎ Bing 微軟推出的新一代搜索引擎

例如 Bing 是一款微軟公司推出的用以取代 Live Search 的搜索引擎，市場目標是與 Google 競爭，最大特色在於將搜尋結果依使用者習慣進行系統化

分類，而且在搜尋結果的左側，列出與搜尋結果串連的分類。尤其對於多媒體圖片或視訊的查詢，也有其貼心獨到之處，只要使用者將滑鼠移到圖片上，圖片就會向前凸出並放大，還會顯示類似圖片的相關連結功能，而把滑鼠移到影片的畫面時，立刻會跳出影片的預告，如果喜歡再點選，轉到較大畫面播放。

課堂上學不到的必殺 SEO 技法

由於大多數消費者只會注意搜尋引擎最前面幾個（2 ～ 3 頁）搜尋結果，例如當各位在 Google 搜尋引擎中輸入關鍵字後，經過 SEO 的網頁可以在搜尋引擎中獲得較佳的名次，曝光度也就越大。簡單來說，做 SEO 就是運用一系列的方法，讓「搜尋引擎」演算法認同你的網站內容，搜尋引擎對你的網站有好的評價，就會提高網站在 SERP 內的排名。

在此輸入速記法，會發現榮欽科技出品的油漆式速記法排名在第一位

◎ SEO 優化後的搜尋排名

店家導入 SEO 不僅僅是為了提高在搜尋引擎的排名，最終目的是用來調整網站體質與內容，整體優化效果所帶來的流量提高及獲得商機，其重要

性要比排名順序高上許多。對消費者而言，SEO是搜尋引擎的自然搜尋結果，而非一般廣告，使網站排名出現在自然搜尋結果的前面，也與關鍵字廣告不同。其實SEO可以自己做，不用花錢去買，SEO操作並無法保證可以在短期內提升網站流量，必須持續長期進行，通常點閱率與信任度也比關鍵字廣告來的高，進而讓網站的自然搜尋流量增加與增加銷售的機會。

> 👍**TIPS** 各位做SEO，最重要的概念就是「關鍵字」，關鍵字就是與店家網站內容相關的重要名詞或片語，也可以代表反映人群需求的一種數據，例如企業名稱、網址、商品名稱、專門技術、活動名稱等。「目標關鍵字」（Target Keyword）就是網站確定的主打關鍵字，會為網站帶來大多數的流量，「長尾關鍵字」（Long Tail Keyword）是網頁上相對不熱門，不過也可以帶來搜尋流量，就是除了主要的關鍵字外，這個字詞可以用來聯想到目標關鍵字。

對數位行銷來說，SEO就是透過利用搜索引擎的搜索規則與演算法來提高網站在SERP的排名順序，隨著搜尋引擎的演算法不斷改變，SEO操作也必須因應調整，掌握SEO優化，說穿了就是運用一系列方法讓搜尋引擎更了解你的網站內容，這些方法包括常用關鍵字、網站頁面內（on-page）優化、頁面外（off-page）優化、相關連結優化、圖片優化、網站結構等。SEO的核心價值就意識就是讓使用者上網的體驗最優化，Google有一套非常完整的演算法來偵測作弊行為，千萬不要妄想投機取巧。

> 👍**TIPS** 網站頁面內（on-page）優化涉及網站內部所有相關標題、內容、網域、網站結構…等；頁面外（off-page）是指網站之外的相關因素，例如：社群媒體、外部反向連結、相關連結優化等。

▶ Instagram 不能說的 SEO 秘密

社群行銷本身看似跟搜尋引擎無關，但其實是SEO背後相當大的推手，雖然說品牌核心內容應鎖定官網，社群只是分發管道之一，然而社群的來源流量在搜尋引擎的優化排名中，仍然有著密不可分的關係。因為社群媒體

分享數據不但是搜尋引擎排名影響與評等因素之一，SEO 也偏好社群活耀度高的用戶，Instagram 本質核心雖不是搜尋引擎，不過 Instagram 本身具有搜尋功能，Instagram SEO 是用於站內優化，而非其他搜尋引擎，然而傳統 SEO 的某些技巧依舊可以套用在 Instagram 演算法。

很多菜鳥小編並不了解 SEO 的重要性，導致回了半天的貼文，沒有得到相對的轉換率。社群平台並不會佛系般的替你帶來各種客源和流量，你還必須善用 SEO 推廣你的文章，越高的排名意味著貼文能見度越高，代表貼文被看到的機會就越大，如果你的品牌能一併做好官方網站與商業用戶的 SEO，也能讓品牌帳號更有機會接觸到潛在客戶，因此做好 SEO，就等同於掌握了一張屬於店家的王牌。

優化用戶名稱與資料

各位想要提高品牌被搜尋到的機會，第一步就是要先從優化用戶資料開始，例在 Instagram 裡，用戶名稱便成為關鍵字之一，命名也是大學問！一定要幫品牌帳號選擇一個響亮好記的名字，因為 IG 帳號已被視為是品牌官網的代表，特別是不要太多底線、不易辨識的字體、莫名奇妙的數字等等，尤其不要落落長取一個什麼 XX 股份有限公司，也務必要花時間好好地寫品牌 IG 帳號的完整資訊，同時標示專業類別，讓用戶可以在最短的時間了解你這個品牌，對你產生興趣，最好盡量把品牌名稱或產品關鍵字放進來，如果有主要行業別或產品也可在此加上，因為這不只攸關品牌意識，更關乎到 SEO。

短網址的重要

由於網址（URLs）是連結網路花花世界一個必不可少的元素，URL 的處理在 SEO 中也是同樣重要的指標，過長繁雜的網址對 SEO 是不利的，也會降低其他用戶分享的意願。接下來你最好從「使用者體驗」方向出發，選擇一個用戶名稱（短網址），適當你將選取的關鍵字加入網址中，網址也可以變成容易被記憶和分享，透過設定短網址將更容易被搜尋引擎發現收錄。

> **TIPS** URL 全名是全球資源定址器（Uniform Resource Locator），主要是在 WWW 上指出存取方式與所需資源的所在位置來享用網路上各項服務。使用者只要在瀏覽器網址列上輸入正確的 URL，就可以取得需要的資料。

連結的藝術

基本上，SEO 的技巧中，連結是其中一個很重要的因素，因為連結（link）是整個社群架構的基礎，社群平台的主要任務是要幫助人們彼此連結，連結中再加入相關連結（inbound links），越多人連結你的帳號，代表可信度越高，品牌擁有數個社群管道早已不稀奇，只要有機會你應該主動連結你的粉絲專頁，很快會達到延伸閱讀的效果。

我們知道 SEO 排名的兩個重要因素，一個是「權重（authority）」，另一個是「連結（linking）」，權重有時間性，時間越遠權重越低，各位應該多利用社群分享鈕來與社群媒體做連結，搜尋引擎的演算法會拉高社群謀體分享權重，SEO 認定權重越高，不但幫助排名，粉絲看到的比例越高，還可以幫助你電商網站的流量引導。

關鍵字與主題標籤

許多 SEO 的老手都知道關鍵字的重要性，關鍵字可以説是反映人群需求的一種數據，關鍵字搜尋量越高，通常代表越多人會做相關主題，內容常提及主題關鍵字，可以更有效提升排名；沒有適當的關鍵字就可能帶不出你的貼文，不過請留意！貼文中重複過多無意義的關鍵字，可能會被演算法認為是作弊行為，反而會讓 SEO 排名更下降。關鍵字是搜尋引擎優化的必要部分，例如 Instagram 用戶名稱，就是其中一個關鍵字管理的地方，或者利用 ALT TEXT 功能，為相片加入清楚地自定義替代文字，這個 2019 年剛出爐的新功能會讓你的貼文有更多露臉機會，因為網路蜘蛛（Spider）並不會讀取圖片，它們會讀取 ALT TEXT 中的敘述文字，當然演算法會針對有使用替代文字的貼文給予較好的排名，最後在文章當中，利用關鍵字連結到圖片，也是對 SEO 有不少加分的作用。

IG 的主題標籤（Hashtag）和網站 SEO 的關鍵字概念非常類似，主題標籤用的好，可有效增加互動及提升貼文能見度。很多時候在 IG 上的用戶都是直接搜尋主題標籤找到你，各位只要限時動態、圖片、文字中善加選擇熱門的主題標籤，不僅貼文能被判定為有效貼文，在搜尋引擎中較容易被找到，或者標註你所在的城市與著名地標，相關程度較高的標籤都有助於你的貼文有更多曝光機會，加上每天固定多花一些時間和粉絲互動，無論是留言、按讚或追蹤等，特別是在限時動態的觀看及留言都會被 SEO 判定為值得散播的內容，可以讓店家帳戶較容易輕易被搜尋到。

◉ IG 的主題標關鍵字概念非常類似

📹 視覺化內容的重磅力

正如同任何再高明的行銷技巧都無法幫助銷售爛產品一樣，如果你的網站內容很差勁，SEO 能起到的作用肯定是非常有限。SEO 雖然可以有效地提升網站自然流量，但是最終目標還是希望可以兼顧流量品質。任何 SEO 的策略都會回歸到「內容為王」（Content is King）的軌道，優質的內容絕對勝過所有優化技巧，SEO 必須搭配高品質的內容呈現，例如 90% 的內容跟用戶有關，且是他們想看的貼文，才有辦法創造真正有效的流量，千萬別為了迎合點擊率而產出對用戶毫無幫助的貼文，尤其在社群上表現良好的優質內容可能會獲得更多的「反向連結」（Backlink），透過外部連結你的網頁內容，因此社群經營做得好，對提升搜索引擎排名會有很大的幫助。

> 👍 TIPS 「反向連結」（Backlink）就是從其他網站連到你的網站的連結，如果你的網站擁有優質的反向連結（例如：新聞媒體、學校、大企業、政府網站），代表你的網站越多人推薦，當反向連結的網站越多，連結到你的官網的網站越具權威性 /，你獲得的權重分數越高，就越被搜尋引擎所重視。

不管未來的行銷手段與趨勢如何變化發展，內容都會是其中最為關鍵的一點，不要忘記讓粉絲願意主動留言永遠是社群平台上唯二不敗的經營方式，許多留言更會優化或加強文章內容，或者你的貼文擁有良好的互動表現，還要附上官網連結，讓粉絲點擊你的內容，進而粉絲還會幫忙分享，分享數與留言目前依然是提升貼文 SEO 排名的關鍵指標。如果文章寫得不錯，粉絲可能還會想跟品牌私底下互動，這個動作甚至比按愛心、留言及觀看還要被 SEO 看重，加上配合從多元社群管道曝光你的內容，同時每一個社群平台的貼文轉分享就會算是一個反向連結，在 SEO 排名上也有大大的助益。

◎ 視覺化內容對 SEO 排名也有幫助

視覺化內容在 IG 中地位也是非常重要，由於 IG 的用戶多半天生就是視覺系動物，內文要夠精簡扼要，配合高素質的影片或圖片，主題鮮明最好分門別類，頁面視覺風格一致，讓主題內的圖文有高度的關聯性，不但讓粉絲直覺聯想到品牌，更迅速了解商品內容。檔案名稱也同樣可以給予搜尋引擎一些關於圖片內容的提示，建議使用具有相關意義的名稱，例如與關鍵字或是品牌相關的檔名，這也是 SEO 的技巧之一，或者你的品牌或公

司 logo 常常在社群媒體中出現，任何流量管道的經營，例如不管是被標籤或打卡中提到，都算是增加網路聲量的好方法，SEO 上的排名也就會跟著上升！

▶ YouTube SEO 私房銷售神技

自從 2006 年 YouTube 被 Google 收購後，影片也更容易被納入 Google 搜尋結果，也就是可以透過 SEO 找流量，不但能吸引更多 Google 流量來源，也能提高使用者瀏覽體驗。此外，YouTube 做為世界上第二大的搜尋引擎，搜尋量也絕對不容小覷，在許多場合 YouTube 甚至比黃金時段的電視節目有更大的流量。很多 YouTuber 可能會有這樣一個經驗，辛辛苦苦地拍攝了一部高品質的影片，然後興沖沖上傳到 YouTube，由於 YouTube 平台上面的影片實在太多，最後觀看的人卻寥寥無幾，不用灰心！你必須洗方設法讓自己的影片脫穎而出，這時透過 YouTube SEO 就可以使影片更容易被找到，並增加 YouTube 影片或頻道的曝光度，可能也是突破 YouTube 演算法與頻道經營困境的一道曙光。

⊙ YouTube 影片標題、說明、標籤都會影響 SEO 的排名

📹 標題超級重要

許多 YouTuber 往往只專注在影片內容製作，卻忽略影片標題、説明、標籤等文字資訊的重要性。由於 SEO 非常重視關聯性，如果是系列性的影片，標題的名稱一致性也非常重要，一個吸睛的影片標題雖然無法使影片內容變得更加精采，卻較容易使觀眾對影片更加感興趣，更重要的是要體現影片內容和價值。至於標題優化及關鍵字的置入，可依照品牌的需求而定，我們也建議一支影片大約放入 5 ～ 10 個關鍵字，特別是在上傳影片的時候，在影片説明欄位的部份，提供完整的影片描述，對於 YouTube SEO 來説，會仰賴説明來判定影片與關鍵字的相關性，除了可以讓搜尋者快速瞭解影片資訊外，越是豐富的説明越能增加影片的曝光機會，更是 YouTube SEO 優化的超級大重點，可以增加該影片的曝光機會。

◎ 系列性的影片最好要有一致性標題

各位也要盡可能設定好標題，盡可能找到搜尋量高且符合影片內容的關鍵字，一般建議將關鍵字放在標題前面，對於 SEO 的效果會較好，並將其貫穿主軸，例如在標題和描述中加入關鍵字，除了可以讓演算法得知影片內

容，也是影響使用者點擊與否的關鍵。至於在上傳影片之前，請先為影片命名一個適當的檔名，檔名中最好能包含關鍵字，這也是有助於 SEO 排名的眉角。

📹 互動、字幕與高清影像

對於讓使用者涉入程度較高，任何能引起受眾的反應都是好事，影片的互動數也是 YouTube 判別影片好壞的關鍵指標之一，包括影片觀看次數、留言數、瀏覽量、點擊率、分享次數、訂閱與加入 CTA 鈕來引導消費者做出特定的導流行動等形式的互動行為，對曝光強度來說都是會加分。當觀眾主動評論後，你的回覆留言內容最好也能適時加入品牌關鍵字，因為每支影片獲得的評論訊息都是 YouTube SEO 判斷影片優劣的關鍵原因。此外，加入字幕雖然是個耗時的工作，但影片內加上字幕不但可以加強關鍵字強度，也會增加影片的受眾與瀏覽體驗，對搜尋也有非常大的幫助。

> **📣 TIPS** Call-to-Action, CTA（行動號召）鈕是希望訪客去達到某些目的的行動，就是希望召喚消費者去採取某些有助消費的活動，例如故意將訪客引導至網站策劃的「到達頁面」（Landing Page），會有特別的 CTA，讓訪客參與店家企畫的活動。

◎ 影片內加上字幕對於 YouTube SEO 帶來的效益非常大

影片製作除了要有精采內容之外，播放前 20 ～ 30 秒非常關鍵，建議最好立即勾劃出影片重點，觀眾會在這段時間決定對影片是否感興趣，影片自然會獲得更長的觀看時間，者對 SEO 的排名也會提升。此外，排名在第一頁的影片有超過六成都是使用高清影像（Full HD），較長的影片通常能夠提供價值相對也較多，加上選擇適合的影片分類可以協助觀眾了解該影片和類別屬性，最後別忘了利用結束畫面＆資訊卡，增加觀眾延續觀看其他相關影片的機會，這也將有助於你的 YouTube SEO。

◎ 影片提供高清影像（Full HD）也是 YouTube SEO 的加分項目